高等学校一流本科专业建设教材
高等院校设计学类专业系列教材

居住空间设计

陈顺和　康思斯　主编
吴镇枭　陈小英　沈　婧　副主编

Art
and
Design

化学工业出版社
北京·

内容简介

本书针对设计类应用型人才培养,基于行业设计实务,围绕居住空间设计中的概念设计与设计实务展开讲解。全书分为两个部分。第一部分即第1~5章,主要讲解概念设计,从居住空间设计前期准备、调研、沟通到平面布局思考方式与具体方法,再到空间主题的制定、设计灵感的汲取,并结合人体工程学基本原理,配合实际案例,讲授如何融入叙事性设计逻辑进行居住空间设计等。第二部分为第6~8章,主要讲解在项目落地阶段,设计师需要配合的相关事宜及注意事项等内容,并结合设计实操案例的成果,具体分析一个成熟的室内设计师所需具备的专业水平、职业素养与品格。

本书可作为高等院校环境设计、室内设计、家具设计、建筑设计等相关专业的教材,也可供相关行业从业人员参考。

图书在版编目(CIP)数据

居住空间设计 / 陈顺和,康思斯主编. -- 北京:化学工业出版社,2025.2. -- (高等学校一流本科专业建设教材)(高等院校设计学类专业系列教材).

ISBN 978-7-122-46887-1

Ⅰ. TU241

中国国家版本馆CIP数据核字第20241YQ126号

责任编辑:张 阳　　　　　　　　　　　文字编辑:蒋 潇　药欣荣
责任校对:赵懿桐　　　　　　　　　　　装帧设计:张 辉

出版发行:化学工业出版社(北京市东城区青年湖南街13号　邮政编码100011)
印　　装:河北鑫兆源印刷有限公司
787mm×1092mm　1/16　印张 $9\frac{1}{2}$　字数250千字
2025年1月北京第1版第1次印刷

购书咨询:010-64518888　　　　　　　售后服务:010-64518899
网　　址:http://www.cip.com.cn
凡购买本书,如有缺损质量问题,本社销售中心负责调换。

定　价:59.80元　　　　　　　　　　　　　　　　　　版权所有　违者必究

前言

室内设计是一门综合性的学科，结合了艺术、美学、工程、建筑学、环境心理学和人体工程学等多领域的知识和技能。居住空间在现代社会中与所有人息息相关，它不仅仅是满足人们基本生活需求的场所，更是情感交流、审美体验和个性展示的重要平台。现代居住空间设计逐渐从功能性向情感化、个性化、智能化发展，强调空间的舒适性、美观性和功能性。技术的进步、材料的创新以及设计理念的多元化，使得居住空间设计成为一个充满活力和挑战的领域。

本书是化学工业出版社"十四五"普通高等教育规划教材，编写团队所在专业于2020年入选福建省本科一流专业建设点。本书的编写缘于编写团队对居住空间设计领域的深刻理解和多年的教学与实践经验。随着市场需求的变化和行业的不断发展，传统的设计理念和方法已经难以满足现代人对居住空间的高要求。本书旨在通过系统的理论讲解和丰富的案例分析，将居住空间设计的核心理念、设计方法和实际操作技巧传授给广大学习者和从业者，尤其是大学生群体。当代大学生不仅需要扎实的理论基础，更需要成为具备创新思维和实际操作能力的应用型人才。通过对具体案例的分析和实践经验的分享，我们希望学生们能够从中获得启发，提升自身的设计水平和职业素养，为未来的职业发展打下坚实的基础。

本书在内容编排上力求系统性和实用性相结合。全书共分为8个章节，从居住空间设计概论，居住空间设计的程序与布局，人体工程学与环境心理学，叙事性设计思维培养，居住空间界面设计，色彩、材质与照明，居住空间软装陈设，以及案例研究与实践指导等方面进行了深入探讨。每一章都包含理论基础、设计方法和实际应用，力求通过翔实的内容帮助读者全面掌握居住空间设计的各个环节。特别值得一提的是，本书的案例绝大多数来自主编带领的设计团队的实践案例，这不仅增强了本书的实用性和参考价值，也使读者能够更直观地了解实际项目中的设计过程和细节处理。这些案例涵盖了不同类型和风格的居住空间设计，展示了编写团队在多年实践中积累的宝贵经验和独特见解。

为了确保内容的专业性和全面性，本书由多位在居住空间设计领域具有丰富经验的专业人士共同编写。全书由陈顺和、康思斯主编，吴镇枭、陈小英、沈婧担任副主编，杨伟星参编。各章节的编写分工如下：第1章由陈顺和与陈小英负责编写，他们在室内设计理论方面造诣深厚，基于几十年的教学与实践经验，他们详细讲解了居住空间设计的意义和发展，能为读者打下坚实的理论基础。第2~6章由康思斯编写，她设计教学与实践经验俱佳，专注于居住空间设计与叙事性设计研究多年，所成立的室内设计团队获得了国内外多个优秀奖项，书中她结合人体工程学的基本概念和环境心理学，阐述了如何在人性化设计中融入叙事性思维，提高居住空间的功能性和美学性。第7章由陈小英、沈婧负责编写，她们教学经验丰富，在软装陈设和案例分析方面见解独到，能为读者提供良多实用建议。第8章由设计总监吴镇枭编写，他的室内设计实践经验丰富，书中罗列出了他所负责的几个代表性居住空间设计案例，能为读者提供宝贵的经验分享和实用建议。杨伟星负责收集并提供大量资料，他教学经验丰富，设计实践阅历深厚，为本书提出了诸多宝贵的修改意见。

在编写本书的过程中，尽管我们力求详尽和准确，但书中难免存在疏漏和不足之处，恳请广大读者批评指正。我们真诚地希望本书能够为居住空间设计学习者、爱好者和从业者提供帮助，并期待大家在不断的学习和实践中共同进步。

感谢所有参与编写和支持本书的同仁们，正是因为大家的共同努力，才有了这本系统而全面的居住空间设计指南。希望本书能够成为读者们在设计道路上的良师益友，助力大家在居住空间设计领域取得更大的成就。

编者

2024年7月

目录

1 居住空间设计概论

1.1 居住空间设计 /002
    1.1.1 居住空间设计的意义与内容 /002
    1.1.2 居住空间的发展 /003
1.2 室内设计师 /009
    1.2.1 室内设计师的专业要求 /010
    1.2.2 室内设计师的居住空间设计
        目标 /011

2 居住空间设计的程序与布局

2.1 居住空间设计的基本程序 /014
    2.1.1 设计前期准备 /014
    2.1.2 方案设计阶段 /017
    2.1.3 施工图深化阶段 /019
    2.1.4 设计施工阶段 /020
    2.1.5 经验总结与反馈 /021
2.2 居住空间平面布局 /021
    2.2.1 平面布局原则 /022
    2.2.2 平面布局的方法与步骤 /024
    2.2.3 平面重要元素 /027

3 人体工程学与环境心理学

3.1 人体工程学与居住空间
    设计 /032
    3.1.1 人体工程学 /032
    3.1.2 人体尺寸 /034
    3.1.3 人体工程学在
        居住空间设计中
        的应用 /038
3.2 环境心理学与居住空间
    设计 /043
    3.2.1 环境心理学 /043
    3.2.2 空间中的人类心理
        与行为 /045

Contents

5 居住空间界面设计

5.1 吊顶设计 /068
    5.1.1 吊顶设计要点 /068
    5.1.2 吊顶设计手法 /069

5.2 立面设计 /074
    5.2.1 立面设计要点 /074
    5.2.2 立面设计手法 /076

5.3 地面设计 /079
    5.3.1 地面设计要点 /079
    5.3.2 地面设计手法 /080

4 叙事性设计思维培养

4.1 叙事性设计概述 /054
    4.1.1 叙事性设计的起源 /054
    4.1.2 叙事性设计的发展 /055
    4.1.3 叙事性设计的理论基础 /055

4.2 叙事性居住空间设计的意义 /056
    4.2.1 物质层面：功能性 /056
    4.2.2 精神层面：美学性 /057
    4.2.3 综合层面：行为性 /058
    4.2.4 社会层面：时代性 /058

4.3 叙事性居住空间设计的方法 /059
    4.3.1 前期调研与发展 /060
    4.3.2 叙事性设计的建构类型 /062
    4.3.3 方案推演 /064

6 色彩、材质与照明

6.1 居住空间的色彩与材质 /086
    6.1.1 色彩基础知识 /086
    6.1.2 色彩的设计原则与方法 /087
    6.1.3 材质搭配技巧 /090

6.2 居住空间照明设计 /091
    6.2.1 照明基础知识 /091
    6.2.2 全景光设计方法 /095

8 项目案例与实践指导

8.1 实际案例分析和设计过程解读 / 112
    8.1.1 案例一：描绘生活的画纸 / 112
    8.1.2 案例二：城市中的度假庄园 / 116
    8.1.3 案例三：望山亭 / 122
8.2 设计师经验分享和建议 / 129
    8.2.1 项目管理与沟通 / 129
    8.2.2 职业生涯与创作心得 / 130
    8.2.3 行业趋势与未来方向 / 131

7 居住空间软装陈设

7.1 家具 / 100
    7.1.1 家具分类 / 100
    7.1.2 家具布局技巧 / 101
7.2 陈设品 / 103
    7.2.1 陈设品分类 / 104
    7.2.2 陈设品搭配要点 / 106

课程项目实践 / 133

参考文献 / 144

1
居住空间设计概论

学习目标

1. 通过对居住空间设计及其发展历史的初步了解,建立对居住空间设计的基本认知。
2. 了解室内设计师需要具备的能力,明确入门技巧与方法。
3. 充分理解室内设计师的职业目标,树立正确的职业观与民族自信心。

1.1 居住空间设计

中国室内设计行业起源于20世纪80年代末至90年代初。在这个时期，随着经济改革的推进和生活水平的提高，公众对居住环境品质的要求也逐渐提高。在城市化快速发展、房地产建设蓬勃兴盛的背景下，室内设计作为一个专业开始得到广泛关注并迅速崭露头角。自2011年"艺术学"独立成为学科门类后，设计学成为其下设的一级学科，环境设计则成为设计学下设的一个专业。目前，环境设计专业大体分为景观设计和室内设计两个方向，室内设计是一个多学科交叉的专业，涉及建筑、艺术、人文等多个领域，而居住空间设计属于室内设计方向。

室内设计是建筑设计的深化与发展，它涵盖了公共活动空间设计与私人居住空间设计。在物质基础丰富的今天，对于精神层面的追求以及功能革新的探索决定了室内设计的发展水平。居住空间设计，是指对于人类生活起居的环境进行理性地规划和布置，以创造舒适、健康、安全、实用和美观的居住条件。

1.1.1 居住空间设计的意义与内容

（1）意义

家是组成社会的最小单元，一个合适的栖身之所是社会稳定的重要因素，而拥有一个满足使用者物质与精神需求、符合使用者身份的空间，则是社会生活质量的体现。"生存"和"生活"有着天壤之别，随着"00后"的成年，这个从小沐浴在阳光下的群体所追求的生活，更是日益高标准、多样化，这决定了居住空间设计将更加受到人们的重视。居住空间设计是环境设计系列中和人们关系最为密切的环节，大部分的人诞生于室内，成长于室内，最初对于世界的探索与认知皆来源于"家"，居室也就成为每个人生命经验中最初、最重要的容器。这个容器不是日后接触到的其他社会公共活动空间所能取代的，因此居住空间往往会影响人们的一生，甚至成为一个人的美学启蒙空间。

（2）内容

很多初学者会错误地认为室内设计就是硬装设计。其实，我们可以将硬装设计看作一个人的骨架，一个完整的人，除了有骨架之外，还有血肉、皮肤、衣着、配饰、妆容、性格等，因此硬装只是其中一个基础环节。**居住空间设计涵盖了建筑物内部及周围区域的各个方面，包括室内外关系的处理、房间功能分配、家具摆放与选择、色彩搭配与灯光运用等。**简单地说，在一个居住空间的营造中，硬装、软装与色彩、灯光的重要程度几乎是一致的。

首先，在居住空间布局中，要考虑到朝向、采光、周边环境等因素，将不同功能区域安排至最恰当的方位，并根据其特定功能来合理地进行动线规划与空间形态塑造。客厅作为社交场所与居住空间的中心，需要注重开敞度和可访问性，享有最佳视野或采光方位，并应具备鲜明的空间个性；卧室则应该追求私密性和舒适感，带有较强的个人风格，主卧在通常情况下也应首选最佳方位；而厨房、卫生间与阳台原则上安排在建筑中有固定位置，并需要依照操作流程设置工作台位、移动线路等；餐厅首选通风、采光较好的位置，并要考虑与厨房之间的最短路径，在氛围的营造方面应与客厅保持和谐；楼梯的布置首要考虑安全性与上下楼的最短动线；储物间则安排在最次要的位置，避光处理。

其次，在家具摆放上也有一定原则可循。在客厅里可以采取平面组合形态为"L"型、"U"型、"O"型等半围合或全围合式家具组合，形成一个氛围和谐的交流空间；餐厅可根据空间形态，选择圆桌、方桌或长桌，餐桌与装饰吊灯、植物组合能够增强就餐氛围并净化空气质量；卧室的床可以根据居住人数、空间大小与使用者具体情况，选择居中放置或靠边放置。

此外，颜色选取和灯光设计也是影响整体效果的重要因素之一。明亮轻快的调子会给人带来愉悦积极的感受，昏暗色调能够营造神秘暧昧的氛围；暖色调能够增加温馨感，提升人的食欲，而冷色调可以营造出清爽和年轻的氛围。在进行灯光布局时，首先考虑合理利用自然采光，减少电力消耗，再结合现场的朝向、空间界面色彩，按照全景光照明思路，协调主要照明与氛围照明，营造不同场景模式。

1.1.2 居住空间的发展

早期的居住空间设计都依附于建筑设计。历代的建筑及空间设计都伴随着社会的变革与科技的发展而发展，它们所展示的面貌都带着时代的印记。从社会角度看，居住空间的设计构思、施工技术、装饰材料与内部设施，都与社会当时的生产水平、科技发展、文化背景、意识形态等状况紧密相关，居住空间总是从侧面反映相应时期的物质文化和精神生活的特征。在功能布局与美学处理方面，居住空间设计也和当时的社会经济水平、生活习惯、哲学思想、公众审美等密切相关。从个人角度看，居住空间设计的水平及质量都与设计者的文化水平与职业素养等相关。设计最终落地呈现的质量，又和该项目的经济投入、项目周期、施工技术、配套设施、用材质量，以及业主方、设计方、施工方的配合程度密切相关，即"天时、地利、人和"。

纵观建筑历史发展过程，我们不难发现，世界上所有地区的建筑设计往往都包含着内部空间设计，以至于室内设计专业一直没有明确的细分。**直到 20 世纪，随着欧美国家生产力以及社会财富的增长，对于建筑内部改造的需求提升，职业化的室内设计才正式地出现。**

（1）原始社会时期

居住空间的发展历史可以追溯到人类最早开始定居的时期。在原始社会中，人们通常选择自然洞穴、树木或岩石等天然避难所作为临时住所。随着农业革命的推动，人类开始建造更稳固耐用的房屋来确保长期的安全和舒适性。这些房屋多数由当地材料如土块、竹子、草蔓等构筑而成。我国原始社会时期，陕西西安半坡村的住房内，已经出现按功能分隔空间的

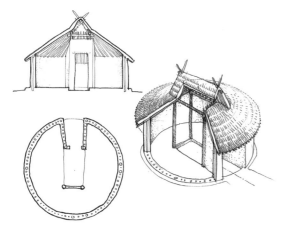

> 图 1-1-1　西安半坡村圆形原始住宅

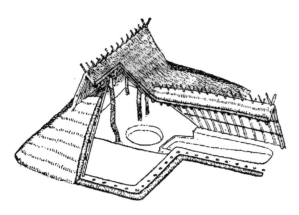

> 图 1-1-2　西安半坡村方形原始住宅

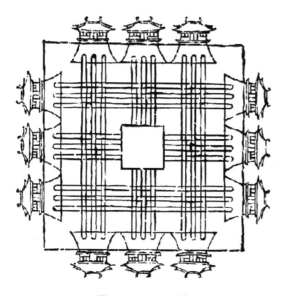

> 图 1-1-3　周王城图

做法，当时的住房有圆形和方形两种形式，室内中心设有火塘，起到保暖与烹饪的作用。墙面与地面都采用了比泥土更为实用和美观的白灰面。其中圆形住宅内，将室内火塘与入口的位置进行合理规划，火塘位于中心位置，入口处设置短墙，以达到限制与引导气流的作用，保证了室内的温暖（图 1-1-1）。方形住宅内的火塘与进风槽结合，加热进入室内的冷空气，也可以使火烧得更旺（图 1-1-2）。并且在原始人居住的洞穴里，还发现了一些动物形象和狩猎图案等，这些都说明在居住空间的初始发展阶段，人们就已经对居室的实用性和美学氛围营造有了一定的要求。

（2）奴隶社会时期

我国奴隶社会时期，由于生产力水平有限、经济基础薄弱以及劳动力资源匮乏等原因，人们的居住环境普遍比较简陋。但统治阶级则拥有更为优越且富裕的生活方式和高档建筑。这个时期人们开始采用砖木结构和土坯墙等材料来建造房屋，也对建筑空间的秩序感有了意识。

夏朝（约公元前 2070 年—前 1600 年）是中国历史上第一个有文字记载的王朝，已经开始使用铜器改造自然，修建城池与宫室。根据考古学家对殷墟遗址（商朝首都遗址）进行挖掘所得到的资料显示，在此之前已经出现了一些简单的原始形式的住宅、祭祀场所以及城市设施。随着社会进步和技术改善，在商朝（约公元前 1600 年—前 1046 年）的商都殷墟中，我们可见到许多宫府和寺庙遗迹。显赫尊贵的家族还开始修建精美壮观的祭祀场所，后母戊鼎铭文描述的"四方""九州"，反映了当时的天地观念和宇宙观。

周朝（约公元前1046年—前256年）是中国历史上的第三个王朝，也是建筑发展中一个重要时期。在这一时期，人们开始使用砖块来修建墙壁，并采用斜屋顶结构以防止水渗透。同时，在城市规划方面也取得了进步，出现了更加复杂而有序、带有象征意义的城市布局。《三礼图》中的周王城图，平面呈正方形对称布局，由通过城门可容九车并行的纵横道路将王城划为相等的九区。宫殿居中，宫前左置祖庙，右建社稷，反映了"王者居中"和严谨对称的规划原则（图1-1-3）。

（3）封建社会时期

这个时期工程技术和手工业发展，民族融合，宗教思想发展，建筑体系逐渐成熟完整，建筑内部空间的处理和装饰也更加精致复杂。人们注重传统价值观念和礼仪规范，并将其反映在建筑和室内设计上。

隋唐是中国古代建筑史上的一个富有创造力的高潮时期。隋和初唐的建筑风格基本上是魏晋南北朝建筑风格的延续。从盛唐（8世纪）开始受到外来建筑影响，逐渐形成完整的建筑体系，创造出空前未有的绚丽多姿的建筑风貌。同时在城市布局、住宅园林、建筑材料和技术上都形成了完善的体系，家具方面也随着人们的生活习惯发生了变化，出现了长凳、靠背椅、扶手椅等。皇家、贵族以及寺庙等所属的大型宫殿、府邸等公共场所被视为最具象征意义的建筑物。这些建筑物的结构通常采用严谨而复杂的布局形式，如隋唐时期面阔七间，进深四间，单檐庑殿顶，总面积677m^{2}的山西五台山佛光寺大殿（图1-1-4），其拥有宽阔恢宏的室内空间与格子天花、斗拱、彩绘等，是把建筑结构与室内装饰进行完美结合的典范。

> 图1-1-4　山西五台山佛光寺大殿

宋代的都城布局产生了变化，建筑也开始了新的发展阶段。取消里坊制之后，娱乐性建筑的大量出现也改变了人们的生活习惯，这极大地促进了宋朝室内装修风格的演变。这个时

> 图 1-1-5 山西应县木塔

期出现了《营造法式》和《木经》两部经典建筑著作，也从技术上促进了建筑与室内空间的发展。建于辽代，高 67.31m，底部直径 30.27m，总重量为 7400 多吨，没用一根铁钉的应县木塔（图 1-1-5），是世界上现存的最高大、最古老的纯木结构楼阁式建筑，它生动地展现了当时的建造技术。著名宋代文学家苏东坡曾说："宁可食无肉，不可居无竹。"这也充分体现了宋代文人对于居住环境的期许。宋代拥有丰富多样的空间布局手法以及较为详细和规范的技术，高型家具也逐渐成熟并定型，室内陈设丰富而高雅。宋代室内格局注重灵活和丰富性，并出现了一种拆装方便的新式木构门窗——格子门，这标志着建筑采光与景观能更好地融合，实现功能与美学之间的完美结合。此外，宋代完成了从席地而坐向垂足而坐的转变，高型家具应用广泛。这不仅意味着建筑室内空间发生改变，同时也标志着传统中国家具形制已经基本完善并定型。

元代延续了金代的宫殿式布局和工艺技巧。受统治者影响，元代建筑粗放不羁，在金代盛用移柱、减柱的基础上，更大胆地减省木构架结构。元代的居室一般是以四合院为主，布局简单而规整。室内有以下几个特点：房间由木质结构搭建，并出现了人弯梁；室内用地砖铺设地面，使用磨砖对缝铺贴工艺，在元代遗存壁画中还发现了两色相间的地砖铺设方式，这反映了当时人们的审美追求；墙壁多用砖瓦，同时运用了大量的壁画与织物进行装饰；家具和摆设也比较简朴，大多采用实用性强的器物。这一时期中国经济、文化发展缓慢，建筑发展也基本处于凋敝状态，大部分建筑简单粗糙。

明代中国进入了封建社会晚期，这一时期的建筑样式，上承宋代营造法式的传统，下启清代官修的工程做法，建筑风格规模宏大、气象雄伟。明朝的文人设计师在设计居住环境时，首先，推崇"遵循自然，天人合一"的法则，追求"虽由人作，宛自天开"的效果；其次，他们崇尚"简朴"，李渔在《闲情偶寄·居室部》中写道"宜简不宜繁，宜自然不宜雕斫"；再次，明代人讲究"贵活变"，认为居住空间应时常保持新鲜感与灵活性，家具与陈设物品可以时常根据场合与功能进行调整，他们认为"惟房舍不能移，此外皆当活变"。因此值得一提的是，这个时期的家具发展尤为突出，它们造型优美，尺度适宜，是中国古代家具发展的顶峰。晚明的建筑风格发展逐渐趋向烦琐。

清代开启了封闭政治体制下的社会经济繁荣时期，建造活动更加频繁。这一时期的建筑大体因袭明代传统，并带有地域民族特色。清代的居住空间中，北方地区四合院布局较为常见，而南方部分地区，如江南水乡，建筑多临水而建，以河成街，街桥相连，住宅布局较为灵活。室内窗户多为木质雕花窗，用上了透雕、线刻、多层镂雕等多种技艺，少数王公贵族用上了昂贵的、镶嵌玻璃的格子窗。室内的墙壁常常使用彩色琉璃以及各类传统图案进行装饰，并且通过悬挂字画、书法作品来增加文化氛围。这个时期受木材资源日渐匮乏的影响，人们开始逐步扩大砖石材料的应用范围。另外，经济的发展助长了享乐主义，装饰主义十分盛行，因此艺术风格上的视觉呈现十分繁复冗杂。清代晚期，中国还出现了部分中西合璧的空间造型。

（4）近现代时期

随着科技的飞速进步，工业革命和城市化不断推进，引发了建筑与居住空间的巨大变革。19世纪末20世纪初，钢铁、玻璃、混凝土以及其他新材料开始广泛应用于房屋建筑领域，并出现了高楼大厦、公寓楼和别墅等不同类型的住宅形式。同时，电力供应系统也使得人们能够享受到照明、暖气和通风设备所提供的便利。

说到近现代时期的设计，不得不提19世纪末20世纪初西方社会出现的现代主义，它历经一个多世纪，至今仍经久不衰。以下是几位现代主义大师提出的现代主义核心观点：密斯·凡德罗认为"少即是多"；路易斯·沙利文提出"形式追随功能"（form follows function）；勒·柯布西耶把建筑看作是"居住的机器"（a machine for living in）。由此可见，现代主义十分强调形式与功能之间的紧密结合。它摒弃了传统建筑的繁杂与奢侈，以理性、功能性、简洁性和实用性为核心，并主张采用新材料创造出更加轻盈、开放的空间感，同时注重利用自然光线和通风系统来提高居住环境质量。

> 图 1-1-6　柯布西耶/LC4 躺椅

在家具选择上，现代主义偏向于使用简约明朗及线条流畅的家具（图1-1-6），并通过灵活使用隔断或移动家具等手段打造可变化空间。在"人生而自由平等"的现代主义理念指导下，建筑与物品都不再需要象征"权利""金钱"与"力量"。经典的现代主义建筑代表作有：柯布西耶的萨伏伊别墅（图1-1-7）、密斯·凡德罗的巴塞罗那博览会德国馆（图1-1-8）、弗兰克·莱特的流水别墅（图1-1-9）等，这些伟大的作品至今仍被作

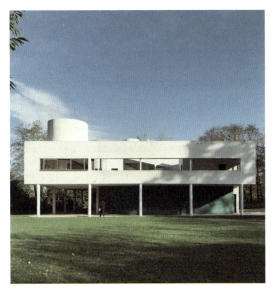

> 图 1-1-7　柯布西耶/萨伏伊别墅

> 图 1-1-8　密斯·凡德罗 / 巴塞罗那博览会德国馆　　> 图 1-1-9　弗兰克·莱特 / 流水别墅

为学习的典范。

同时，中国近代建筑与室内设计的发展经历了多个阶段，是特定时期中外建筑艺术的缩影，且各个地区的建筑风格各不相同。在 1912—1928 年的北洋政府时期，受到西方建筑风格影响，许多新式学校、铁路车站和官署等公共建筑采用了欧美风格，并融入一些传统元素。民国初期，孙中山先生致力于推广具有中国特色的近代化住宅模式——合院别墅（也称作花园别墅）。此外，在上海等都市地区还涌现出众多受西方文化与建筑风格强烈影响的功能复合型建筑，现在常说的"海派风格""上海老洋房"都是那个时代的缩影。这一时期的建筑与室内设计既有中国传统元素与实用性功能，又融合了西方建筑风格，这些风格相互交织，共存于当时社会中，并为后世留下了珍贵遗产。

纵观新中国成立后的几十年，中国建筑与室内风格经历了从社会主义、现代主义到国际化以及回归本土文化等不断变迁发展的过程，并逐渐形成自己独特且富有创意的面貌。新中国成立初期，由于战争和社会动荡等原因，建筑业发展缓慢，主要以恢复重建为主。随着改革开放政策的实施，在 20 世纪 80 年代末至 90 年代初，一些西方设计理念开始进入中国市场，并对当时的传统中式装饰产生影响，这个阶段出现了许多仿欧洲古典、美式乡村或者简约北欧等不同类型的室内风格。到 21 世纪初，随着城市化进程的加速推进和人们审美观念的逐渐更新换代，中式元素重新被引入并融合到现代设计之中，简约大气、自然环保已经成为当前流行趋势。**近几年来，"回归本土""文化传承"的思想愈发盛行起来，许多新型住宅区及商业空间都应用了具有浓厚地域特色与民族文化底蕴的元素，将我国的传统文化进行传承与发扬，这种独树一帜的"东方式"设计也体现了地大物博、富有文化自信的大国质感。**

（5）当代及未来发展趋势

当代人的居住方式和传统时期有了很大区别，几代同堂大家庭的居住习惯已被小家庭甚至独居生活所取代，这使居住者更深入地思考自身的美学偏好与生活重心，从而促进了当代居住空间的多元化和个性化的发展。在追求精神享受的今天，沉浸式体验概念的流行也让更多人开始追求叙事性与定制化设计。这些社会变化都促使当代居住空间设计百花齐放，出现了许多去风格化设计，旨在打破原有既定风格的束缚，大胆创新，追求有"体验性""唯一性""文化性""标签性"的定制化设计。与此同时，对历史文化元素的融合与传承也成了热点，如"国潮风格"通过现代技术与手法赋予古老文化新的生命，深受年轻群体的喜爱。无论是一个物品，还是一个空间，传统文化和历史感的融入，都使之更有生命力，更加耐人寻味。

此外，在可持续发展理念影响下，节约资源并降低对环境的负面影响已经变得越来越重要，例如使用再生材料，减少木材的使用，或采取被动式设计原则而非过分消耗外部资源等。面对突飞猛进的城市化发展趋势，现代居住空间的功能性需求也全方位提升，这就要考虑如何最大限度地节约有限资源并优化户型规划，例如将开放式厨房与客厅相连，增加空间灵活度与交流性；用客餐厅一体化来代替传统客厅，从而节约空间；将储物系统融入装饰元素中，从而解决收纳问题等。同时在信息技术的普遍应用下，现代居民希望建立智能化的居住空间，实现自动化管理。在社交互动方面，现代居住社区强调共享精神，例如在公寓楼内设置共享厨房或休闲区域，促进邻里之间的沟通与协助；又如设计开放式花园或露台来鼓励户外活动及社群聚会。现代居住空间是一个综合性概念，它不仅关注个体舒适感受和功能性要求，也考虑到环境友好、科技应用以及社交互动等因素。这种定义既反映了当今城市生活方式变革所带来的人们对室内外环境质量提高的期待，又展示出未来发展中可持续建筑理念下新型"智慧"屋子的可能形态。

纵观历史，每一次的科技与社会变革，都会给设计带来巨大而深远的影响，OpenAI的出现也预示着又一次的设计变革。人类的成长以年为单位，人工智能的成长则以月为单位，我们无法准确预测这对我们的将来意味着什么，但目前能做的是：一方面要善于利用人工智能，将它作为一个更高效的工具，辅助我们的工作；另一方面不要停止学习，要认识到设计能力只是我们的基础技术，综合能力是需要不断学习才能获得的。接下来的章节将会梳理设计师需要具备的能力与担负的责任。对于这些能力掌握得越全面，越能做到人工智能所做不到的。

1.2 室内设计师

室内设计师是一个完整的概念，卓越的设计能力和个人审美只是其中的一个部分，一位优秀成熟的室内设计师应该具备综合能力以及庞大的知识系统。设计师在项目中的角色应该是一位领导，对外能全方位地指导、协调、统筹项目；对内能合理分工，明确工作范畴，善于总结和提炼，顺利完成团队协作。因此，一个优质的设计其实是一系列完整的设计行为。设计师所关心的范围可以涉及生活的方方面面：住宅、餐饮、酒店、办公、历史文化、人类行为、提高生产力、提高营业额、提高公众幸福指数……这就需要设计师拥有庞大的知识体系，不间断地学习，关注行业最新趋势和技术发展。除此之外，设计师需要具备社会责任感和国际视野，并拥有良好的性格和健全的人格。**室内设计是一门综合性、跨界性很强的学科，这些能力并不是一朝一夕就能拥有的，一部分要在校内积累，另外有很大一部分是在从业生涯中逐渐积累和完善的。**

1.2.1 室内设计师的专业要求

一般需要经过几年的学习和积累，才能成为一位合格的室内设计师。具体来说，一位专业的设计师应具备以下几个方面的能力和素养。

空间感知和规划：了解不同房型的特点，能够准确测量和评估房屋尺寸、形状以及布局，并根据需求进行合理的空间规划。

色彩搭配与美感：掌握色彩理论，特别是色彩心理学，在选择墙面颜色、家具等方面做出恰当而有吸引力的搭配。同时对于材质纹路也应该有一定认识。

家具选购与摆放：了解不同类型家具的功能、风格特点以及适用场景，并在考虑实用性的基础上注重整体协调，使每个物品都处于最佳位置。

光线利用与灯光设计：通过设置窗户或者人工照明来提供足够的自然光源，保证良好的采光效果，合理安排灯饰装置以增加氛围。

创意思维审美与可持续发展理念：善于发现生活小细节带给我们的启示，并将其运用到室内设计中去；关注时下流行元素，同时遵循经久耐看原则；通过合理规划、节约能源和应用可再生资源等措施来实现人类社会经济发展与自然环境保护之间的平衡。

与客户沟通的能力：能够准确理解和把握客户需求，善于倾听并提供专业建议。同时要具备良好的表达能力及图纸绘制技巧，以向他人清晰地展示设计方案。

技术知识：掌握相关软件工具（如 CAD、3ds Max、SketchUp、Photoshop 等）的使用方法，并了解室内装修材料、施工流程等基础知识，为实际操作提供支持。

时间管理、预算控制与项目协调：在规定时间与合理预算范围内完成任务，并且有一定组织协调能力，能够管理多个项目。

正确的职业观：想要在一个行业内走得长远，正确的职业观和优良的品德是一切的基础，正所谓先学做人、再学做事。我们首先要为社会创造价值，而后自然会得到相应的回报。部分学生初入社会，眼高手低，还没能为团队贡献成果，就看不上手头的基础工作，认为自己在校时成绩优异，工作单位必须予以重任。我们应该明白，无论在校期间成绩多么卓越，也只是简历中亮丽的一笔，并不能决定未来的人生。有些同学满腔抱负，希望能改善行业现状。这当然很值得鼓励，但要明白，我们首先要成为有能力的人，才有可能解决问题，在不断的实践中成长为业内有影响力的人进而照亮他人。毕业后进入一个新的阶段，一切又要从零开始，社会上优秀的人才数不胜数，很多人值得我们学习。我们应该以一个谦逊的姿态，脚踏实地地拥抱新的开始。

爱国情怀与国际视野： 深入学习我国传统文化，培养国际视野，将爱国情怀与开放视野融为一体，这意味着既要坚守本土传统文化特点，又要吸纳学习外来专业优势与技术，这样才能更好地为国家作出贡献并在全球舞台上发挥积极作用。

1.2.2 室内设计师的居住空间设计目标

室内设计师在项目工作中，如果有明确的目标作为指导，就能在品质的把控和项目的顺利实施上有据可依，也可提前预判一些风险。

（1）物质层面：功能性

一个居住空间，首先要满足的是功能需求，这也是室内设计中最基础、最底层的逻辑。现代社会居住单元中最基本的使用功能空间有：客厅、厨房、餐厅、卫生间、卧室、阳台及储物系统等。若要使一个人在空间中健康地生活，首先要保证有一个良好的物理环境。这就要求空间分配合理、功能完善、动线清晰；有适宜的光线、温度，隔音、通风性好；在不同区域使用合适的、环保的材料，满足健康、防滑、易清洁、易维护等需求。这个部分对设计者的全局观和室内设计基础知识掌握程度有较高要求。

（2）精神层面：美学性

满足了功能性内容后，就要思考与美学的结合了。这个部分需要综合分析居住者的年龄、社会角色、职业、喜好等信息，将居住者喜欢的元素进行提炼后，再进行恰当的结合，创造出属于他们的独创性居住空间，达到使其精神愉悦的目的，甚至使空间具备疗愈功能，充分体现人文关怀。不同的业主品位相差甚远，因此对于设计者的美学造诣有着较高要求，这需要依靠平时的日积月累，提高审美，体悟生活，善于思考。

（3）综合层面：行为性

一个优质的居住空间，需要使居住者感到身心愉悦，使其在入住空间后，每一个行为都是方便、舒适且自然的，在每一个视觉点位都能感受到优美、友好，仿佛空间就是为自己量身定制的礼服，既能突出个性，又能完全贴合自身的实际情况；空间中的老人、孩子或残障人士也能充分体会空间的关怀。因此**行为性的判断是在结合了上述精神、物质两个部分的基础上，进行更加细致和深入地第一视角模拟思考，要求设计者以第一视角模拟走在空间中会产生的行为，从使用和观感两个角度审视作品。** 这个模拟思考非常有利于纠正设计错误与预判问题。此部分从领域性、社交距离、趋光性、安全感等多维角度综合思考，设计者需要善于观察生活细节，积极地进行功能革新。

（4）社会层面：经济与时限性

在合理的预算范围内，为使项目设计达到最佳状态，要秉承美观、经济、健康、安全、环保、耐用的价值观，选择合适的装饰材料与配套设施。同时关注采购周期、施工难度等，以保证合理的项目周期，在规定时限内完成设计与施工。这个部分需要施工方、设计方、业主方都达成共识，高效地沟通，对于设计师的实践能力、沟通协调能力和解决问题的能力有较高要求。

课后训练与思考

1. 回顾居住空间发展历史，找一个自己最喜欢的历史风格，从其元素、构图、色彩、材质、形态几个方面进行分析，并说说为什么喜欢。

2. 成为一个有社会责任感的设计师需要具备哪些基本素质？

2

居住空间设计的程序与布局

学习目标

1. 通过对居住空间平面规划原理的认识,了解平面布局基本理论。
2. 了解居住空间平面规划要用到的步骤,掌握平面布局的流程与方法。
3. 具备居住空间平面布局的构思能力和初步方案设计能力。

2.1 居住空间设计的基本程序

当代居住空间设计所包含内容的深度与广度都远超传统室内设计,它涉及艺术、社会、科学等知识,是一个综合性很强的领域,这就需要我们在规划和布局居住空间时有较全面的知识积累以及较强的统筹能力。在这个过程中所采用的一系列技巧、原则和策略是需要系统学习的。这些方法包括考虑功能性需求、人体工程学、动线梳理等方面,通过运用合适的设计手法,高效地利用空间,并有效地优化其功能,提升其美学性。同时,在选择材料、色彩搭配及家具摆放等方面也要进行全面考量,以确保最终设计能够全方位满足用户的实际需求,并提高人居环境质量。因此,在进行居住空间设计时,精通相关的基本知识对于完成一个成功作品至关重要。

2.1.1 设计前期准备

这个阶段的主要目标是奠定合作基础,需要明确工作范围,与业主建立有效沟通,达成共识,最终促成合作。根据居住空间的不同情况、大小,项目落地周期一般在几个月至几年不等。因此一个良好的开始至关重要,它奠定了甲方(业主)和乙方(设计师)之间的沟通方式和信任桥梁。甲方和乙方应该是一个平等互助的利益共同体,设计师需要展现出高水平的专业素质,设身处地地帮助甲方解决问题,甲方也会自然而然地信任和尊重乙方。这个阶段需要做的内容如下。

(1)了解业主需求

与业主进行充分沟通,善于倾听并可以用问答的方式引导业主说出关键问题。制订功能需求表是一个不容易遗漏的方式(表2-1-1)。在这个过程中可以了解到项目的面积、常住人数、预算、时间、设备等基本信息,以及业主的功能需求和审美偏好。同时我们可以配合使

表 2-1-1 功能需求表

基本信息					
客户姓名			联系方式		
实用面积		常住人口		预算	
项目地址					
空间信息					
所需房间及功能					

续表

空间信息	
厨房类型	□传统中厨　□开放西厨　□中西厨结合　□灵活式（可开放可封闭）
阳台类型	□开放　□封闭　□其他＿＿＿＿＿
备注 （爱好、生活习惯、 特殊空间要求等）	
美学信息	
色彩偏好	
风格偏好	
材质偏好	
备注 （喜欢/不喜欢/ 忌讳的元素、色彩、 材质、感觉、 故事等）	
设备信息	
观影设备 （电视/投影）	区域：
	尺寸：
清洁设备	□扫地机器人　□扫拖一体机　□吸尘器＿＿＿＿＿ □洗衣机　□烘干机　□洗烘一体机　□儿童洗衣机　□其他＿＿＿＿＿
料理设备	□洗碗机　□蒸箱　□烤箱　□蒸烤箱一体　□管线机　□垃圾处理器 □净水器　□消毒碗柜　□小厨宝　□其他＿＿＿＿＿
卫生设备	马桶（□壁挂马桶　□智能马桶　□普通马桶　□蹲便）□电热毛巾架 □浴缸　□其他＿＿＿＿＿
暖通设备	□新风　□地暖　□空调（中央空调/挂机/风管机）□其他＿＿＿＿＿
	□燃气热水器　□空气能热水器　□电热水器　□其他＿＿＿＿＿
其他设备	□音响　□乐器＿＿＿＿＿　□游戏机　□电动晾衣架　□电动窗帘 □台式电脑　□家用电梯　□监控系统　□其他＿＿＿＿＿
备注	

用一些图片，更具象和精准地确定业主的喜好。语言是有一定局限的，有的业主无法准确地描述想法，有的业主则会给出几千字的功能需求文档，所以这个过程需要我们有良好的沟通能力和同理心，善于过滤和捕捉关键内容，给出有针对性的专业建议。总而言之，在这个过程中可以用尽一切方法，只为达到充分沟通和精准定位的目的。正确的设计方向是前提，沟通越到位，日后的设计过程越顺利。

（2）明确设计思路与工作范围

根据业主给出的预算、项目周期、居住时限以及设计内容，明确设计的范围与程度。预算和项目周期、居住时限是决定设计思路的重要因素，我们需要有规划地衡量时间和经济的投入，将预算运用在最关键的部分，做到有主有次、有轻有重。同时要明确项目的工艺、材料采购周期、气候状况、国家规定等，确保整个项目能够按照计划顺利完成。遇到项目居住时限较短或周期性居住的情况，如过渡性住宅、学区房、度假用房等，设计思路也要根据实际情况有所变化。设计内容是定位工作范围的关键，有的住宅项目涉及花园与外观的改造，有的精装房只涉及家具软装的布置，有的旧房翻新只涉及部分改造，有的自建房涉及建筑结构的搭建……对于这些情况，都需要明确工作范畴，并根据约定签订合约，收取设计费用。

> 图 2-1-1　测量工具

（3）实地调研与测量

签订合约确立合作关系后，就需要对场地进行了解与测量。用文字、图片和视频详细记录下周边的环境、朝向、光照、视线干扰等，以便后期进行查阅。测量时的工具有激光测距仪、卷尺、多色笔和记录纸等（图2-1-1），这些工具都要备齐双份，以便应对测量过程中出现故障或电力不足的情况。为了避免遗漏尺寸，一般采用在空间中顺时针或逆时针行走的方法逐一测量，测量时一般以mm为记录单位。空间中的层高、梁柱、门窗、管道、马桶坑位等也要详细测量，配电箱等现有设备也要进行标注（图2-1-2）。遇到多层住宅，还要明确楼板与楼梯的尺寸与关系。另外，拆除承重结构可

> 图 2-1-2　项目实地测量

能会导致建筑物或结构的倒塌，引发法律责任问题，因此要明确空间中的承重墙和梁柱位置，设计时不可拆除。

（4）拟定任务计划书

任务计划书是指对项目工作进行详细规划和安排的文件，包括目标、时间表、责任人、工作内容等。设计过程中时常会有调整和修改，口头说明容易遗忘，口口相传的任务内容也难免出现差错，因此白纸黑字的任务计划书可以大大节省沟通成本，并能准确传达项目意图，规范工作流程。尤其在成员较多、设多个部门的设计团队中，拟定任务计划书是必要的工作环节。

2.1.2 方案设计阶段

方案设计阶段是设计流程中占比最大、难度最高的阶段。它需要用到我们的专业知识、审美水平、创新思维、实践经验、生活阅历、理解能力、团队协作能力等。这个阶段要经历方案设计—调整—再设计等步骤，才能达成一个甲乙方均能接受的定稿方案。期间难免有一些重复改动会导致项目周期的不可控，但可以通过一些技巧与经验避免时间与精力的浪费。我们要注意以下几个原则。

（1）宏观与微观视角的反复推敲

我们需要结合业主提供的信息，进行梳理和主次分析，这个过程要在宏观和微观之间反复推敲。空间规划的过程需要通过一系列的步骤产生有形的成果。有些功能区的理想位置是显而易见的，有些则不然，而且某些功能区域在很多地方都能得以实现。设计师需要通过宏观视角搭建框架，为每一个功能区域找到合适且合理的位置。一旦在平面中划定某个功能区，就要在其附近设置与其配套的一系列功能。因此，设计师必须确保功能区域附近具有充足的空间来协调和配合，并通过微观视角深入细部推敲每一个尺寸的合理性与行为的可能性。我们要有意识地培养自己的全局观视角，要了解到**任何设定都是牵一发而动全身的**，在思考一个细节的同时，要考虑同一视觉空间内的功能是否合理，整体是否和谐，以及空间中将会出现什么样的软装、陈列物甚至人物。

（2）胆大心细

方案设计阶段包含了空间中出现的所有可见界面的统筹与设计，需要结合功能、美学、行为、人体工程学等大胆创新，还要长远地考虑到空间的成长性、包容性、前瞻性。在开放思路、大胆创新的同时，脑子里既要有大画面，又要心细如尘，照顾到所有细节。创新要建立在一切资源配置合理的基础上，有据可依，并且坚持**功能为第一思考要素**。如图2-1-3所示，这个案例中，圆形和红色都是业主特别喜欢的元素，因此吊顶做了圆形处理，但随之产生的问题是梁位的外露，于是设计师应用业主特别喜欢的红色装饰了梁结构。很多新手不理解创新的本质，认为创新就是捏造出一个造型独特的东西，这样的误判容易导致设计出华而

不实、偏离本质的作品，是非
常错误的。经验老到的优秀设
计师在这个过程中不仅能合理
创新，还能预判施工阶段的风
险提前规避。当然也不要因为
害怕犯错而不敢创新，这个过
程中，新手可以多听取前辈的
建议，多阅读相关书籍，这是
规避风险、少走弯路的成本最
低的方式。

（3）内外和谐统一

设计师的一个基本素养就
是关注人与自然，这是一个永

> 图 2-1-3　三口之家住宅设计 / 深思维空间设计

恒的话题。设计时多关注周边环境，尽可能地将周边的自然优势利用起来，这是宝贵而天然
的室内装饰资源（图 2-1-4）。同时设计时要思考外部建筑的风格与元素，尤其是别墅、自建
房、古民居等与室内空间联系特别紧密的住宅类型（图 2-1-5）。

> 图 2-1-4　某城郊别墅住宅设计 /
　　　　　深思维空间设计

> 图 2-1-5　某别墅住宅设计 / 深思维空间设计
法式别墅外观及内部法式中国风的结合，达到内外统一的效果

（4）感性与理性相结合

设计过程需要感性思考，大胆创新；同时还需要理性分析，谨慎实践。在设计初期需要
设计师通过大量的信息搜集、头脑风暴等感性的方式来打开想象力，当设计概念在脑中浮现

之后，就需要理性地应用室内设计专业知识，结合项目的实际情况综合解析。当理性思考到了瓶颈，就可以重新利用感性思考寻找灵感，如此循环往复。因此感性和理性就像两条腿，相辅相成迈步向前。

（5）合理的数字化呈现

平面图需要用 CAD 来绘制，CAD 是学习室内设计的基础软件。另外，设计过程中一般通过效果图的方式对项目落地效果进行预判。现阶段常见的效果图软件有 3ds Max、D5 渲染器、SketchUp、犀牛、酷家乐等，无论用哪种软件，最终目的都是为了呈现设计效果，促成项目的顺利进行。学习软件是非常重要的环节，熟练运用软件的人才也是行业非常需要的。图 2-1-6 体现了效果图需要达到的标准。

> 图 2-1-6　效果图呈现标准 / 深思维空间设计

2.1.3　施工图深化阶段

在甲乙双方对于方案设计达成一致以后，就可以进入施工图深化阶段。施工图是一种详细描述工程项目各个方面的专业图纸，它包括空间的结构图、平面图、墙体定位图、吊顶图、灯具布置图、开关控制图、插座定位图、给排水定位图、地面铺装图、家具尺寸图、立面索引图，以及空间所有可见界面的立面图、节点大样图、软装清单和材料清单等。不同设计团队对于施工图绘制的水准与程度的要求不同。施工图是进行工程施工、预算和材料设备采购的依据，也是进行技术管理的重要指导文件。我们可以通过临摹、工地现场观摩等方式学习施工图绘制方法。方案设计阶段对于设计师的要求是全面的、高标准的，而施工图设计阶段是一个技术性环节，只要掌握了材料应用、工艺做法和绘制方法，就可以将设计方案通过施工图手法表现出来。因此设计师初入职场，大都是从施工图深化设计做起的。以下是施工图设计要点。

(1) 明确设计目的

在施工图设计之前，再次明确设计的要求、预算等因素，制订出合理的材料配套和设计方案。同时，还要了解相关的法律法规和规范标准，确保设计方案符合预算及规范要求，这也是审核方案设计的一个环节，可以对方案设计中不合理的部分做出修改。

(2) 注重施工细节和质量

施工图设计的关键在于细节和收口的处理，这直接影响到项目的质量和美观。因此，设计师需要制订出考究的工艺细节处理方案，同时要考虑工艺的可操作性、可行性，和后期的稳定性、易维护性和耐久性，确保施工过程顺利，施工质量有保障。

(3) 保证图纸质量

设计师需要把控图纸的质量，通过几轮的审图降低图纸错误率，并保证图面的美观整洁，做到图纸清晰、准确、完整、规范、统一，以便施工人员能够高效阅读并准确理解图纸。

(4) 加强沟通协作

设计施工图时，一种问题通常会有多种答案。在选择最合适的答案时，设计师可以与材料方、施工方、设备方等相关方进行充分沟通，倾听专业建议。

2.1.4 设计施工阶段

施工阶段是整个项目中周期最长的一个部分，一般应由专门的单位承担工程监理任务，对施工进行全面监督及管理，选择合适的施工团队是至关重要的。这个过程中出现风险和突发状况的概率大大高于其他几个阶段，这就要求设计师有一个处变不惊的心态和良好的沟通协调能力。新手设计师可以多向前辈学习，积累宝贵经验。

施工开始之前，设计方、业主方、施工方等相关人员应进行交底，结合施工图、工期、预算、材料配合、工程管理等方面进行沟通和探讨。多方看待事物的角度不同，这样的讨论可以规避一些风险，并针对一些不确定因素对业主进行告知。这也是避免施工过程出现不愉快的一个重要环节。

施工过程中如遇设计方案与现场情况冲突，碰到突发情况或施工难点时，设计师应该及时做出优化方案，并在一些重要节点到现场进行项目指导，还要在合适的节点提前明确材料选样。每一个项目的规模、难度、地点，以及多方人员的配合程度、项目进展的周期都大相径庭，因此设计师到场指导的次数没有具体标准。在信息化社会之中，如果施工图有非常高的质量和完整度，设计团队有完善而规范的流程，施工队与项目经理有非常高的配合度，那么跟进工地的途径也就能够丰富多样，这也是近些年一些设计公司跨地区，甚至跨国合作越来越多的原因。无论以何种方式对施工进行跟进，一切都以能达到施工效果并还原设计方案为主旨。

施工结束后，设计师还要配合客户挑选合适的软装。软装的款式在效果图上有所体现，尺寸也在施工图的装饰及家具尺寸图（图2-1-7）中做了说明。近些年细分出的软装设计团队也可以配合这个阶段的工作。

> 图 2-1-7　装饰及家具尺寸图 / 深思维空间设计

2.1.5　经验总结与反馈

施工的结束并不意味着设计阶段的结束，这个阶段要对客户的反馈进行收集并总结设计经验，这些反馈和经验是用泪水和汗水换来的，是非常宝贵的。这个阶段还有可能进行项目摄影并投稿参赛。参赛可以锻炼自我，并定位自己在行业中的水准，明确努力的方向，这也是肯定自我价值的途径之一。

每一个项目的成功都不是个人行为，也不是某一方的努力就能促成的，这需要所有方的配合协作，好的作品需要天时、地利、人和。团队的力量是伟大的，设计师如果能理解这一点，积极培养自己的统筹协调能力，在这个阶段就能事半功倍。

2.2　居住空间平面布局

柯布西耶在《走向新建筑》中提及："平面是一切的开端，没有平面便没有目标的宏伟，没有外在的风格，没有韵律、体量，甚至凝聚的力量。"由此可见，平面是空间的骨架，是一切的基础，基础的好坏决定了项目的成败。一个设计师的平面布局就像他的名片，可以从中推测设计师的水平。**平面布局阶段，我们并不是在做一个扁平化的工作，我们必须要以三维的角度来思考与想象空间。**

2.2.1 平面布局原则

居住空间设计的平面布局是确保空间功能、美观性和舒适性的关键。以下是一些居住空间设计平面布局的要点和原则。

（1）功能与动线

确保每个区域都有明确定义的功能，例如睡眠区、起居区、用餐区、多功能区等。考虑家庭成员的需求和生活方式，以确保空间设计满足他们的日常活动。同时应避免迷宫样的错综复杂的动线，一个清晰的、尺寸合适的动线能确保人与物在空间内的移动安全而高效。

> 图 2-2-1　家具比例正确的平面图

（2）比例与尺度

物体比例是指物体本身各部分之间在大小、高低、长短、宽窄等尺寸上的关系。空间比例是指元素之间的相对大小关系以及它们与整体空间的比例。尺度则是人在长期生活经验中形成的印象中的大小。比例是客观存在的，尺度则包含了人的经验意识。

几乎所有新手在平面布局中，都会频频发生空间比例问题。如在比例1∶50的空间内放入的家具是比例为1∶70的，这是一种严重的错误，会影响之后每一步方案推演的准确性。如图2-2-1与图2-2-2，图2-2-1中的家具比例正确，图2-2-2中的家具比例错误，错误比例的平面图会给人一种空间很大的错觉，导致人们会认为还可以多放一些家具。但实际操作的时候会发现，家具买回来了却放不进实际空间中，从而造成不必要的损失。此外，布局时还应考虑家具、装饰品的恰当尺度，太大的家具显得空间拥挤，太小的家具显得空间小气，家具和装饰物过大或过小都会影响空间的平衡感。如图2-2-3

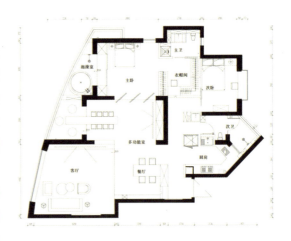

> 图 2-2-2　家具比例有误的平面图

> 图 2-2-3　某家庭起居空间（AI 辅助设计）

所示，空间本就不大，却选择了大尺寸的家具，就会使空间显得拥挤。

（3）采光与通风

最大化利用自然光，减少障碍物的遮挡，确保室内明亮舒适。一些单面采光的户型，可以应用共享采光的布局手法，同时考虑通风需求，设计合适的对流路径或新风系统，以确保空气流通。

（4）隐私与安全

尊重家庭成员的隐私需求，合理布置私密区域，如卧室和浴室。考虑窗帘、隔断等装饰物品，以调节空间的私密性。

（5）均衡与主次

使用对称布局可以创造庄重、稳定和整洁感，不对称布局则更能展现个性和创意，但要注意空间的均衡，避免出现平面中某个地方太空或某个地方太挤的情况。规划每个功能区域时，要使它们在整体空间中占有合适的大小，分清主次。

（6）开放与封闭

空间中不同的开放程度有不同的优缺点。我们应根据项目面积和实际情况考虑功能区的开放性。若面积较小或居住人数较少，可多用开放与半开放空间增加空间的通透性，如图2-2-4所示，这是一个小面积的单身公寓，考虑到其面积不大，居住人数少，设计师将空间的开放程度提高。其中，黄色区域是个半开放的卧室，棕色区域是封闭空间，其余皆为开放式空间。同时，在空间开放程度的思考中，还要考虑到使用者的心理需求。大部分人睡觉的时候需要一个相对封闭的空间，图2-2-5展示了这套单身公寓半开放的卧室在开放与封闭之间切换的空间状态。此外，我们也可根据空间功能属性考虑空间开放程度，如书房并不是一个私密需求很高的空间，可以应用开放式或半开放式布局（图2-2-6）。

（7）可持续性考虑

衡量空间造型与用材的必要性，减少浪费。最大化

> 图 2-2-4 某单身公寓平面图 / 深思维空间设计

> 图 2-2-5 某单身公寓半开放卧室 / 深思维空间设计

> 图 2-2-6 某居室半开放式书房 / 深思维空间设计

利用自然资源，如阳光和风力，减少能源消耗。在用色方面也要有所考虑，相比于浅色系空间，暗色系空间对于电能的损耗更大。

（8）个性化需求

多倾听和理解业主的真实需求并加以引导，尊重每个家庭成员的个性和喜好，结合设计心理学知识与生活经验，将他们的需求与特点融入设计中。不要过于依赖现有流行风格，应该大胆创造属于业主的风格。

（9）人文关怀与无障碍设计

在有老人和孩子的居室中，需要特别注意防滑地面、圆角家具，以及易于抓握的门把手的设计，以避免跌倒和碰撞伤害。此外，设计应留有足够的空间以适应儿童的游戏和老人的休闲活动，同时也考虑到家具和设施的友好性，如儿童可够得着的挂钩与龙头、老人站起时能抓握的把手等，以适应不同年龄和身体条件的需求。另外，若有行动不便者和残障人士，应设置足够轮椅等能通过的宽敞通道、无障碍出入口、合适高度的家具和开关、配备扶手的楼梯和浴室，并确保照明充足，标识明确，从而使居住空间更具包容性。

2.2.2 平面布局的方法与步骤

（1）清空与破局

首先清空图上除承重结构和管道以外的所有墙体，把空间还原成最原始的结构（图2-2-7）。这样我们可以打破原始建筑结构的束缚，建立破局思路，为设计提供最大的可能性与自由度，减少不必要的限制对设计思维的影响，达到意想不到的效果。

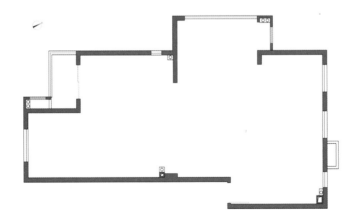

> 图 2-2-7 原始结构图 / 深思维空间设计

（2）分析空间优劣

分析空间的优劣势需从功能性、美学性以及行为性等角度进行全面评估。首先考虑各个功能区域布局大致所需要的面积和比例是否满足家庭成员的实际需求。通过窗户的位置和大小，思考日照、遮阳、光线共享和隐私的问题。

（3）建立空间框架

气泡图是一种简单的、图形化的设计工具，用于初步规划和表示空间布局，可以通过气泡图的方式建立初步的功能框架。这种图形通常以圆圈代表不同的功能区域，通过它们的相对位置和大小，展示出各个区域之间的关系和布局思路。注意，绘制气泡图需要对空间比例或空间面积有初步的概念，以及对空间有初步的宏观意识。以下是气泡图所能体现的信息。

功能区域的表示： 不同的气泡代表不同的功能区域，如卧室、客厅、厨房和卫生间等。每个气泡的大小通常与相对应功能区域的重要性或面积有关，这有助于在早期阶段考虑空间比例的合理性。

相对位置的表示： 气泡之间的相对位置表达了各个功能区域之间的联系。可以通过气泡与气泡之间的疏密远近来分析各个功能区以何种方式组团或单独出现。

空间动线的初步体现： 气泡之间可初步体现出动线设计，即不同功能之间的移动路径以何种方式呈现，以此来评估布局的便利性与流畅性。同时还可以初步建立空气的对流通道。

由于气泡图没有任何细节，是一种简化的设计表达方式，因此设计师可以灵活地从宏观角度调整和修改布局，并随时对照功能需求是否在气泡图中被满足（图2-2-8）。

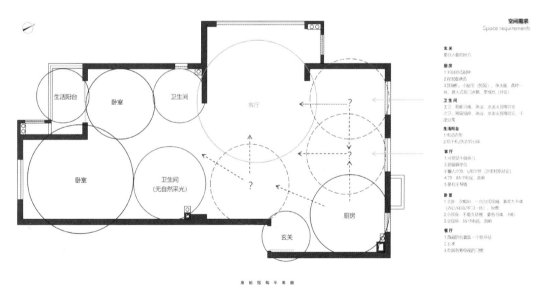

> 图 2-2-8 气泡分析图 / 深思维空间设计

（4）完善功能与动线

设计师将在宏观的气泡图之内，从微观角度进行全面完善。为了保证比例和尺寸的准确，这个步骤建议用 CAD 或尺规作图。

功能需求的梳理与检查： 将居住者提出的功能需求全部填进框架并确认有无遗漏。设计师应该在此基础上做出更优化的解答和创新，这也是设计的价值所在。

建立动线： 功能和动线的关系就像手心与手背的关系，有了功能就一定有动线的产生。不合适的功能布置会导致动线的无效增加或交叉，影响空间使用效率，因此建议画出动线路径以便自查（图 2-2-9）。

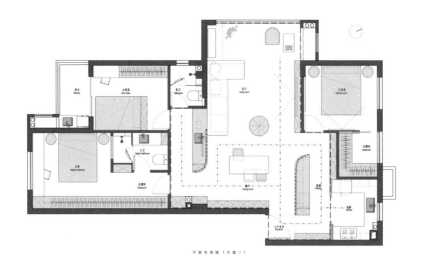

> 图 2-2-9　功能与动线分析图 / 深思维空间设计

深入细节： 要确保每个空间和家具有准确的尺寸、尺度和比例关系。推敲房间的形状、门窗的位置、衣柜等大件家具的布置，以便能最高效地利用空间。这个步骤会花费一些时间进行反复推敲，注意调整的时候要有全局观，每一个细节的调整都会牵一发而动全身。

（5）检验平面布局质量

检验一个平面布局的质量，可以通过自查和他审的方式，增加平面方案的通过率。以下是平面布局时较容易出现问题的部分。

动线检查： 检查动线是否流畅，移动路径是否有磕碰或摔跤风险；有无动线过长导致空间浪费的情况；居住者在配套区域之间（如厨房和餐厅）的移动路径是否短而直接。

功能检查： 各功能区域在空间中所占的比例是否合理，有无主次不分的情况；在满足基本功能需求的基础上，是否还有功能迭代或优化的可能性；储物面积是否达标；管道有无不规范移位。

行为检查： 以第一视角模拟走在空间中会产生的行为，从使用和观感两个角度审核作品，检查是否有使用不便或视觉冲突的地方。

尺寸和尺度： 在施工阶段出现难以预判的问题时，是否留有可调节的尺寸余地，避免平面方案上存在极限尺寸，不要为项目施工阶段留下隐患；注意家具的摆放是否使空间过度拥挤或过度空旷。

视觉点位： 空间形态上是否达到业主和设计方的预期，每一个重要的视觉点位有无重点修饰。

未来成长性： 应该根据家庭人口结构变化、居住时限和居住者的年龄段考虑空间的成长性。尤其是较大的居住空间项目，施工周期可长达数年，设计应具有一定的灵活性和前瞻性，以适应未来的变化。

图纸表达： 有无制图错误，所有信息是否都完整地出现在图纸中。

2.2.3 平面重要元素

（1）门

图 2-2-10 是一些常见门的画法与注意事项。

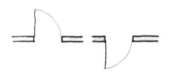
典型的室内门
可以向内或向外开启，大部分的门都朝内开启

双开门
用于重要的空间或容纳大量人群的房间

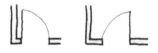
角门
很常见且使用效率高，但要注意门通常应向侧边墙开启，除非室内需要视觉上的隐私保护

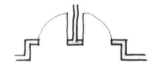
凹进的隐蔽门
将相邻的门组合成内聚性的、尺度较大的设计要素

转轴门
可以向两个方向开启

直接开口
门洞的设计可以使空间隔而不绝，还可以设计好看的造型来营造空间氛围

多扇门
由于法规或者经验的原因，通常用来满足房间对宽阔型开口的需求

带转轴的门
有时用于在空间之间创造宏伟的入口形式

折叠门
可用于很狭小、不利于开扇的空间

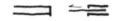
内藏式推拉门
高效而且不需要占用开门空间

推拉门
门洞在1200mm以上

墙面推拉门
有时采用精细化设计以达到某种特定的效果，开启状态下，门洞无遮挡

> 图 2-2-10 常见门的画法与注意事项

（2）窗

窗户通常是建筑设计中固定的元素，室内设计师在建筑和室内设计一体化的项目中，才有机会变动窗户的位置。在安排家具布局和室内活动方向前，应优先考虑窗户的位置和特性。窗户作为一种积极的空间要素，能提供自然光、调节温度并扩展视野。然而，它们也可能引入一些不理想的因素，比如过强的光线导致的眩光，过高的温度，或是邻近窗户带来的过于近的视线干扰。因此，在设计中需要仔细平衡窗户的优势与劣势，根据空间的功能需求和窗户的特性来决定如何利用或调整窗户的朝向，以最大化其利益，同时最小化不利影响（图2-2-11）。

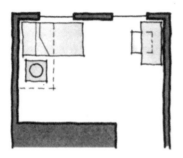

床与书桌靠窗，能与室外产生紧密的联系

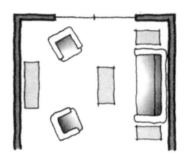

起居室家具没有直接朝向窗户，中规中矩放置的家具与窗户形成了便利的联系

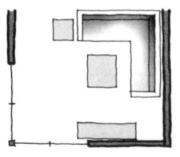

家具与窗户呈对角式布局，界定了使用者和窗户之间的面对面关系

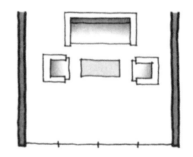

家具的布局直面窗外美丽的自然景观，但有可能有炫光的困扰，需考虑朝向与周边环境的综合影响

> 图 2-2-11 窗户位置与布局

（3）动线

居室动线系统通常包括主要和次要的流通路径、各种入口和出口，以及通往房间各个区域所需的空间。有时为了提供便利，某些房间可能会设有额外的出入口。在室内空间设计中，动线规划常见的问题包括空间布局的拥挤或浪费，以及位置选择和流线路径的不合理。入口的位置可以是一个空间的中央或偏侧，具体应视实际情况而定。常见的动线路径有直线型（通常是最理想的选择）、偏侧直线型（从一侧通向另一侧）以及可能引发问题的转角或Z字形路径（图2-2-12）。

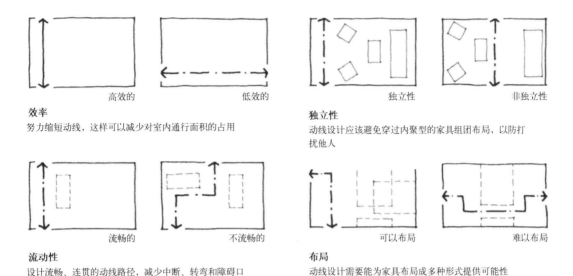

> 图 2-2-12 动线布局注意事项

（4）墙体厚度

所有的墙体和隔板实际上都具有一定的厚度，墙体不仅占用空间，而且在整个建筑项目中占据了较大的地面面积。在现代梁柱结构成为主流之前，许多建筑的室内墙体作为承重结构设计得相当厚实，大多数室内墙体厚度在 120～240mm 之间，但实际上墙体的厚度是可以自行制定的。除承重结构不可改变以外，我们可以通过灵活地支配墙体厚度，来实现空间的整洁与实用（图 2-2-13）。

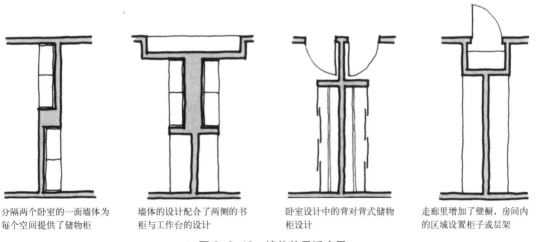

> 图 2-2-13 墙体的灵活应用

课后训练与思考

1. 找一个 120m² 左右的单元房平面框架，选择一位同学、朋友或家人作为你的甲方，为他（她）做一个居住空间的平面布局方案。

2. 一个合格的平面方案需要具备哪些特征？

3

人体工程学与环境心理学

学习目标

1. 熟知人体工程学与环境心理学的基本概念。
2. 掌握人体工程学与环境心理学在居住空间设计中的应用要点与方法。
3. 了解室内设计的相关学科,树立不断学习的正确职业观。

3.1 人体工程学与居住空间设计

室内设计兼具艺术性、科学性、哲学性等,是一门综合性很强的学科。**设计过程中不能以单一思考方式将环境、人和行为割裂开来,一个完整的设计需要同时兼顾物理环境、生理环境和心理环境。**这就需要我们通过对室内设计相关学科的学习,掌握更完整的居住空间设计的要点与方法。

人体工程学是居住空间设计的基石,是前人对适宜尺寸探索的经验,也是"以人为本"设计理念的落实方法之一。在居住空间设计中,人体工程学关注人体结构、动作特征、感知能力以及行为习惯等方面,其基本原理和方法为创造出合理的居住环境提供了重要指导。

3.1.1 人体工程学

(1)含义

人体工程学(human engineering)又称人机工程学或人类工程学,西欧国家多称为工效学(ergonomics),其核心概念是关注人体与工作环境之间的交互关系,以优化人机系统的设计和使用。它是一门综合性的学科,涉及生理学、心理学、工程学等多个领域。它关注人体结构、功能和行为,通过改善工作条件和环境,减少人体的不适和伤害,提高工作效率和生产力。人体工程学的研究对象包括人体的生理特征(如身体尺寸、运动能力)、心理特征(如感知、认知、情绪)以及人体与工作环境之间的互动关系。总的来说,**人体工程学研究的是"人-机-环境"系统,为解决此系统中人的健康与效能问题提供科学的理论与方法。**以下具体解释这个定义中提到的几个概念。

"**人**":指的是系统中的人员,也就是室内的居住者,包括他们的物理特征(如身高、力量、反应速度)、心理特征(如记忆能力、认知速度、情绪状态)、行为特性(如习惯、偏好、学习能力)等。在人体工程学中,研究人的目的是要更好地了解人的能力和限制。

"**机**":指的是人们在活动中使用的工具、设备和技术系统。这些可以是简单的工具,如锤子和螺丝刀,也可以是复杂的机械设备。在居住空间设计中,"机"通常不是作为一个单独的概念来讨论的,如果我们将室内设计中的"机"理解为与人体工程学中的"机"相似,那么它可以被理解为室内空间中的如下几种要素。① 家具:如桌子、椅子、沙发、床等,它们的设计需要符合人体舒适度和功能性需求;② 设备:如照明设备、加热和冷却系统、音响系统等,这些设备需要与室内空间和人的使用习惯相匹配;③ 技术系统:如智能家居系统、安全监控系统等,它们应该便于用户操作和维护;④ 功能性元素:如存储解决方案、隔断、工作区域等,这些元素的设计旨在提高空间的实用性和科学性。

"**环境**":指的是人和机器所处的物理和社会环境。这包括温度、湿度、噪声、照明、空间布局以及社会规范和工作生活文化等。在居住空间中,合适的物理与心理环境是研究的主要对象。

"系统"：这是人体工程学中最重要的概念，它代表的是人、机器（或设备）、环境三者互相独立又相互作用的有机整体。因此在设计时，任何的改动都是牵一发而动全身的。这个系统的核心在于它们之间的交互作用，这里的"系统"强调的内容如下。① 整体性：系统被视为一个整体，其中的任何变化（无论是人的行为、机器的设计，还是环境的条件）都可能影响整个系统的运行效果。整体性原则表明，系统的性能和功能是由所有组件及其相互作用共同决定的，而不是单独由任何一个组件决定的。② 相互作用：人与机器、机器与环境、人与环境之间的相互作用是系统分析的关键。这些相互作用可以是物理的、认知的或情感的，人体工程学试图通过优化这些相互作用来改进系统的整体性能。③ 目标导向：人－机－环境系统存在的目的是要实现某些目标，这些目标可能是提高使用效率，确保安全，增加用户满意度或提升舒适度等。系统的设计和评估都是围绕如何更好地达成这些目标进行的。④ 动态调整：随着环境条件的变化、技术的发展和人的需求的变化，系统也需要进行调整和优化。这种动态性要求系统设计具有一定的灵活性和适应性，以应对变化。

"健康"：健康主要关注的是系统设计对人的身体和心理健康的影响。在人体工程学的背景下，健康涉及的是预防工作相关伤害和疾病，降低职业压力，以及促进良好的工作姿势和习惯的产生。在居住空间中，这意味着系统设计需要考虑减少对人体的不良影响，如减轻重复劳损的风险，避免不适的姿势，控制噪声水平以减少听力损害，以及创建一个促进心理健康的生活环境。健康的目标是确保人在使用空间时，不仅能避免身体伤害，还能保持良好的心理状态。

"效能"：效能涉及系统的性能，包括提高工作效率，减少操作错误，提升任务完成的质量，以及确保系统的可靠性。在人体工程学中，提高效能意味着通过设计优化来适应人的物理和认知能力，从而使人机交互更加直观，减少学习曲线，并提高用户满意度。居住空间中，有效的系统设计考虑到了人的限制和能力，并通过减少不必要的复杂性，提高居住空间和家具的可用性，以及优化空间操作流程来增强整体性能。

（2）历史与发展

人体工程学的雏形可追溯至古埃及和古希腊，当时的建筑师已考虑人体尺寸与活动范围。19世纪末至20世纪初，工业革命带来新设备，促使人们关注人体与工作环境的关系，推动了人体工程学的发展。赫尔曼·冯·赫尔姆霍兹等科学家为这一学科奠定基础，泰勒和吉尔布雷斯夫妇的研究推动了工作效率和人体疲劳的系统化研究。"二战"期间，军方对装备设计的需求加速了人体工程学的发展。战后，经济发展推动了这一领域在工业和生产中的应用。

1961年成立的国际人类工效学联合会（IEA）标志着人体工程学的普及。随着现代主义运动的兴起，设计师开始注重功能性和人体舒适度，许多设计受到人体工程学影响。进入21世纪后，人体工程学在多个领域得到广泛应用，因其关注人类福祉、工作效率、安全和生活质量，成为一个热门学科。随着科技的进步，人体工程学将继续推动人与环境、技术互动的优化，提升人们的生活与工作质量。

（3）应用领域

人体工程学结合生物学、心理学、设计学和工程学等学科，旨在提升人类生活的总体质量。其应用领域广泛，包括办公环境设计，通过设计符合人体工程学的家具和优化空间布局提升工作效率和健康；产品设计，确保产品符合人体特性，提升易用性和舒适度；交通工具设计，通过优化座椅和操作界面提升安全感与舒适感；工业设计，改善机械设备和工作站布局以提高效率，减少职业伤害；医疗安全，优化设备设计和操作流程以减少错误并提高治疗效果；人机交互，注重界面的自然性与直观性以减少认知负担；高科技应用，特别是在虚拟现实和可穿戴技术中，减轻技术带来的身体不适；适老化设计，针对老龄化社会设计无障碍环境和辅助设备，帮助老年人维持独立生活，提升生活质量。

3.1.2 人体尺寸

为了确保设计的产品或环境能够满足人的生理需求，并在使用过程中为用户提供心理上的舒适感和适宜的环境条件，设计师必须深入理解和应用人体尺寸知识。这意味着设计过程中需要考虑到人体的多种尺寸指标。人体测量学和人体尺寸的研究是人体工程学的核心部分，世界各国的研究人员都在对本国人的体型进行广泛的调查和分析，以便制定出可供参考的数据和标准。下面将介绍关于人体尺寸的一些基本理念、应用原则，以及我国在这一领域的相关成果和资料。

（1）我国成年人静态尺寸

GB/T 10000—2023《中国成年人人体尺寸》是由国家市场监督管理总局、国家标准化管理委员会发布，2024年3月开始实施的国家标准。它给出了我国18~70岁成年人的52项静态人体尺寸和16项人体功能尺寸的基础数据统计值，并按性别分别列表。表3-1-1为我国18~70岁成年人的静态尺寸。

表3-1-1 我国18~70岁成年人的静态尺寸

		成年男性			成年女性		
	测量项目	百分位数					
		P5	P50	P95	P5	P50	P95
1	体重/kg	52	68	88	45	57	75
	立姿测量项目/mm						
2	身高	1578	1687	1800	1479	1572	1673
3	眼高	1464	1566	1677	1366	1455	1554
4	肩高	1279	1373	1474	1195	1276	1366
5	肘高	957	1037	1121	895	963	1035

续表

测量项目	成年男性			成年女性		
	百分位数					
	P5	P50	P95	P5	P50	P95
立姿测量项目 /mm						
6 手功能高	681	750	823	644	705	767
7 会阴高	655	729	807	641	699	765
8 胫骨点高	405	445	488	373	409	449
9 上臂长	289	318	347	267	292	318
10 前臂长	209	235	263	195	219	245
11 大腿长	424	469	517	395	441	487
12 小腿长	336	374	415	311	345	384
13 肩最大宽	414	449	490	377	409	450
14 肩宽	354	386	419	323	354	383
15 胸宽	254	299	339	247	283	319
16 臀宽	303	334	367	293	323	358
17 胸厚	184	218	254	180	212	248
18 上臂围	246	295	343	235	290	344
19 胸围	809	927	1064	783	895	1042
20 腰围	687	849	1023	639	781	964
21 臀围	845	938	1042	837	921	1040
22 大腿围	461	537	620	470	536	617
坐姿测量项目 /mm						
23 坐高	856	921	979	805	863	921
24 坐姿颈椎点高	622	675	726	581	628	675
25 坐姿眼高	740	798	856	690	745	798
26 坐姿肩高	560	611	664	521	570	617
27 坐姿肘高	220	267	314	209	253	296
28 坐姿大腿厚	123	148	177	119	137	163
29 坐姿膝高	462	504	547	433	469	511

续表

测量项目		成年男性			成年女性		
		百分位数					
		P5	P50	P95	P5	P50	P95
坐姿测量项目 /mm							
30	坐姿腘高	378	413	450	351	380	418
31	坐姿两肘间宽	376	445	524	338	410	491
32	坐姿臀宽	308	346	388	308	348	393
33	坐姿臀-腘距	427	472	518	416	459	503
34	坐姿臀-膝距	526	567	613	506	544	588
35	坐姿下肢长	873	956	1045	833	904	977
头部测量项目 /mm							
36	头宽	147	158	170	141	151	162
37	头长	175	187	200	167	178	189
38	形态面长	108	119	133	100	110	122
39	瞳孔间距	55	61	68	52	58	66
40	头围	543	570	600	528	552	577
41	头矢状弧	320	350	380	303	335	367
42	耳屏间弧（头冠状弧）	334	360	386	324	349	375
43	头高	210	231	253	206	227	246
手部测量项目 /mm							
44	手长	171	184	198	158	170	182
45	手宽	81	88	96	73	80	87
46	食指长	65	72	79	62	68	74
47	食指近位宽	18	20	23	17	19	21
48	食指远位宽	16	18	20	15	17	18
49	掌围	190	206	225	169	185	201
足部测量项目 /mm							
50	足长	232	250	269	215	230	247
51	足宽	89	98	106	82	90	98
52	足围	226	247	268	207	225	245

我国是一个地域辽阔的多民族国家，不同地区的人体尺寸差异较大，因此测量统计时，也根据六个自然区域划分进行了测量与统计（表 3-1-2）。

表 3-1-2 我国六个自然区域 18~70 岁成年人身高和体重的均值及标准差

测量项目		东北华北区		中西部区		长江中游区		长江下游区		两广福建区		云贵川区	
		均值	标准差	均值	标准差	均值	标准差	均值	标准差	均值	标准差	均值	标准差
成年男性	身高 /mm	1702	67.3	1686	64.8	1673	65.8	1694	67.4	1684	72.2	1663	68.5
	体重 /kg	71	11.9	69	11.3	67	10.4	68	11.0	67	10.9	65	10.5
	胸围 /mm	949	80.0	930	80.3	920	74.8	929	75.5	915	74.1	913	73.7
成年女性	身高 /mm	1584	61.9	1577	58.7	1564	54.7	1582	59.7	1564	60.6	1548	58.6
	体重 /kg	60	9.8	60	9.6	56	7.9	57	8.5	55	8.4	56	8.5
	胸围 /mm	908	86.0	915	81.0	892	73.6	896	76.7	882	72.9	908	77.2

（2）我国成年人功能尺寸

在人体工程学中，功能尺寸是指人体在进行各种动作或处于不同姿势时的尺寸和空间需求。这种测量考虑到了人体活动的动态特性，反映了人在活动、工作或使用设备时的实际尺寸和范围。表 3-1-3 为我国 18~70 岁成年人工作时的动态功能尺寸。

表 3-1-3 我国 18~70 岁成年人工作空间设计用功能尺寸百分位数　　单位：mm

	测量项目	成年男性			成年女性		
		百分位数					
		P5	P50	P95	P5	P50	P95
1	上肢前伸长	760	822	888	693	755	820
2	上肢功能前伸长	654	710	774	595	653	715
3	前臂加手前伸长	418	451	486	386	416	448
4	前臂加手功能前伸长	308	340	374	284	313	346
5	两臂展开宽	1594	1698	1806	1472	1560	1655
6	两臂功能展开宽	1378	1475	1582	1267	1354	1452
7	两肘展开宽	827	878	931	770	813	859
8	中指指尖点上举高	1948	2104	2266	1808	1939	2081
9	双臂功能上举高	1845	1993	2150	1709	1836	1974

续表

测量项目		成年男性			成年女性		
		百分位数					
		P5	P50	P95	P5	P50	P95
10	坐姿中指指尖点上举高	1242	1348	1456	1137	1234	1329
11	直立跪姿体长	612	679	749	621	647	674
12	直立跪姿体高	1200	1274	1351	1131	1198	1271
13	俯卧姿体长	1982	2115	2253	1872	1982	2101
14	俯卧姿体高	351	374	404	351	362	379
15	爬姿体长	1161	1233	1308	1117	1164	1215
16	爬姿体高	765	813	864	720	753	789

3.1.3　人体工程学在居住空间设计中的应用

基于人体工程学数据，结合设计实践经验的积累，我们总结出一些居住空间中常用尺寸区间，包括家具尺寸、空间布局尺寸以及储存空间的设计标准。这些标准尺寸可以为设计师在创建符合人体工程学的居住空间设计方案时提供指导。

主要家具尺寸：表3-1-4～表3-1-7分别体现了沙发、餐桌、床、书桌的常规尺寸范围。

表3-1-4　沙发常规尺寸

沙发类型	宽度	深度	高度	座位高度
单人沙发（扶手椅）	70～100cm	85～95cm	80～95cm	40～50cm
双人沙发	140～170cm	同上		
三人沙发	190～230cm	同上		
沙发床	与上述尺寸相近，展开成床时增加到190～200cm			
角落沙发（L形沙发）	角落沙发的尺寸更加多样，通常依据组合部件的数量和布局而定。每个座位部分的宽度和深度可参考上述单人或双人沙发的尺寸，而整体长度则可能从较小的200cm延伸到350cm或更长，取决于沙发的配置			
注意事项 1.测量空间：购买沙发前，务必测量预定放置沙发的空间，确保沙发尺寸合适 2.考虑通道：在考虑沙发尺寸时，还应确保家中有足够的空间供人在沙发周围自由移动，留出至少70cm的通行空间 3.门框尺寸：确认沙发的尺寸能够顺利通过家中的门框，特别是对于较大或一体式的沙发				

表 3-1-5　餐桌常规尺寸

餐桌类型	尺寸	适用人数	备注
四人圆形餐桌	直径 90 ~ 120cm	四人	数据为常规区间，尺寸可根据实际情况适当上下浮动
四人方形餐桌	边长 75 ~ 90cm	四人	
四人长方形餐桌	70 ~ 80cm×120 ~ 140cm	四人	
六人圆形餐桌	直径 120 ~ 150cm	六人	
六人长方形餐桌	80 ~ 90cm×150 ~ 180cm	六人	
八人圆形餐桌	直径 150 ~ 180cm	八人	
八人长方形餐桌	90 ~ 100cm×200 ~ 220cm	八人	
餐桌高度	75cm ~ 80cm		
腿部空间	餐桌下至少留出高度 60 ~ 70cm、深度 40cm 的空间		
餐椅高度	坐垫与桌面高度差应为 30cm 左右		

注意事项
1. 在选择或设计餐桌时，考虑餐椅尺寸和餐桌下方空间的匹配。餐椅的标准座高大约是 45 ~ 48cm，确保餐椅能够合适地置于餐桌下方
2. 餐桌的形状对空间利用率和交流氛围有重要影响。圆形餐桌适合更紧密的交流，而长方形餐桌则更适合较大的聚会和正式场合
3. 考虑到日常用餐和特殊场合的需求，可选择带有扩展功能的餐桌，以灵活适应不同的使用场景

表 3-1-6　床的常规尺寸

床类型	尺寸
单人床	90 ~ 120cm×200cm
双人床（小双人床）	135cm×200cm
双人床（标准双人床）	150cm×200cm
双人床 [大号双人床（Queen Size）]	180cm×200cm
双人床 [特大号双人床（King Size）]	200cm×220cm

注意事项
1. 房间尺寸：选购床前应考虑房间大小，确保床的尺寸适合预定的空间，同时床的周围留有足够的活动空间
2. 床架和床垫：确保选择的床架与床垫尺寸相匹配，并注意有些床品的床架造型较大，以上尺寸为床垫大小，布局时应以床架尺寸为准

表 3-1-7　书桌常规尺寸

书桌类型	长度（宽度）	深度	高度
标准书桌	120～150cm，小型约 80cm	60～70cm	74～76cm
计算机书桌	120～180cm	60～70cm，部分设计可达 80cm	74～76cm
儿童书桌	100～120cm	50～60cm	50～70cm，可调节高度

空间布局常见尺寸：表 3-1-8～表 3-1-10 分别体现了厨房、浴室、洗衣区的常规尺寸范围。

表 3-1-8　厨房常规尺寸

特性	描述
厨房操作台高度	83～90cm
厨房操作台深度	55～60cm
厨房操作台长度	根据厨房的大小和设计需求而变化，长度从 120cm 起，可以延伸到几米长
厨房通道	≥ 85cm
注意事项 1. 适应性设计：对于有特殊需求的家庭成员（如轮椅使用者），可能需要调整操作台的高度，以使其更容易使用。有些人员需要根据操作习惯使用高低台设计，如降低炒菜台面、抬高水池台面 2. 材料和宽度：操作台的材料应考虑耐用性和易清洁性。此外，如果空间允许，可以考虑增加操作台的宽度，以提供更多的工作区域和储物空间 3. 操作区域的规划：在设计厨房时，应考虑到工作三角区（冰箱、灶台、水槽之间的布局），确保操作流程合理，减少人在厨房中移动的距离	

表 3-1-9　浴室常规尺寸

项目	尺寸
淋浴间尺寸（最小净尺寸）	80cm×80cm
淋浴间尺寸（舒适净尺寸）	90cm×90cm 或更大
浴缸尺寸（标准浴缸）	170cm×70cm，深度 40～50cm
浴缸尺寸（自由尺寸泡池）	长度 1.5～1.8m 甚至更大，宽度和深度根据设计而定
洗手台尺寸（高度）	83～90cm
洗手台尺寸（深度）	55～60cm

续表

项目	尺寸
洗手台尺寸（宽度）	≥60cm
马桶尺寸（空间需求）	两侧至少空出20cm，前方至少空出60cm
马桶尺寸（长度）	65～70cm
马桶尺寸（高度）	40～42cm
注意事项 1. 通道和门口：浴室内部应有足够的空间供人转身，门口宽度建议不小于60cm 2. 储物空间：考虑到储物需求，浴室设计时应预留足够的储物空间，如置物架、橱柜、脏衣篓等 3. 通风和照明：良好的通风和足够的照明对于浴室的舒适度和实用性非常重要，在没有自然采光与通风的空间中，要配备足够的照明与换气设备	

表 3-1-10　洗衣区常规尺寸

项目	尺寸
洗衣区工作台（高度）	83～90cm
洗衣区工作台（深度）	60～80cm
洗衣区工作台（长度）	≥120cm
注意事项 1. 留足空间：在规划洗衣区时，应确保有足够的空间用于开关洗衣机和烘干机的门，以及舒适地转移衣物 2. 通风和排水：洗衣区需要良好的通风和适当的排水系统，避免产生潮湿和霉变问题 3. 储物解决方案：考虑加入橱柜、架子或挂钩等储物解决方案，以存放洗衣粉、柔顺剂和其他洗衣用品	

储存空间设计：表3-1-11体现了各种类型储物柜的常规尺寸范围。

表 3-1-11　储物柜常规尺寸

类别		尺寸	说明
衣柜	单门宽度	60～80cm	适合单人使用
	双门宽度	120～150cm	适合多人使用
	深度	55～60cm	确保衣物挂起来不触及后壁
	总高度	180～240cm	适应不同房间的天花板高度
厨房储物柜	上柜高度	70～90cm	
	上柜深度	30～35cm	确保操作时不碰头
	下柜高度	83～90cm	含台面高度
	下柜深度	55～60cm	

续表

类别		尺寸	说明
书柜	宽度	≥ 80cm	根据需要可变
	深度	25 ~ 40cm	
	每层高度	20 ~ 40cm	根据书籍种类和大小调整
鞋柜	深度	30 ~ 35cm	
	每层高度	15 ~ 50cm	适应从拖鞋到长筒靴的高度
储物柜/展示柜	深度	30 ~ 50cm	根据所储存物品的大小调整
	每层高度	可变	
家政柜	深度	40 ~ 80cm	根据所储存的家政工具种类调整
	总高度	180 ~ 240cm	适应不同房间的天花板高度

注意事项
1. 适应性设计：考虑到使用者的需求，如儿童、老年人或身体不便的人士，确保柜子的高度和深度方便使用
2. 空间规划：在决定储物柜的尺寸时，要考虑空间的整体布局，确保柜子的开启方式不阻碍通行或与其他家具相撞

其他重要尺寸：表 3-1-12 ~ 表 3-1-14 分别体现了楼梯、过道、门的常规尺寸范围。

表 3-1-12　楼梯常规尺寸

项目	尺寸
楼梯宽度	85 ~ 120cm
踏步高度	16 ~ 20cm
踏步深度	25 ~ 30cm
扶手高度	90 ~ 100cm

注意事项
1. 楼梯转弯处：如果楼梯设计包括转弯处（如 L 形或 U 形楼梯），需要确保转弯处的空间足够宽敞，以避免行走时的不便
2. 光线与视线：确保楼梯和过道区域有足够的照明，避免阴影和暗角，同时保持视线通畅，以增加安全性和舒适度

表 3-1-13　过道常规尺寸

项目	尺寸
主要通道宽度	90～120cm
次要通道宽度	60～80cm

注意事项
1. 光线与照明：尽可能利用自然光，或确保过道中有足够的人工照明，避免出现暗角
2. 方便所有人使用：考虑到老年人、儿童以及行动不便者的需求，确保过道设计满足无障碍标准，如设置合适的扶手和防滑地面
3. 确保畅通：确保大件家具能够顺利搬运

表 3-1-14　门的常规尺寸

项目	尺寸	说明
入户门宽度	90～110cm	可设置子母门
卧室门宽度	80cm	足够大多数家具通过
门高度	≥200cm	门与吊顶同高的做法会显得空间有气势
浴室门宽度	70～80cm	开放式连接时可能不设门
厨房门宽度	70～80cm	
双开门尺寸（单扇门宽度）	60～70cm	适用于推拉门与平开门
双开门尺寸（总宽度）	120～140cm	

注意事项
1. 无障碍设计：为了满足无障碍设计的要求，门宽至少应为 90cm，以便轮椅用户能够方便进出
2. 门框尺寸：在测量门尺寸时，也要考虑门框的宽度，因为它会占用一定的空间
3. 开门方向：在设计居室门时，需要考虑门的开启方向和开启角度，以确保门的开启不会影响空间的其他用途或家具的摆放

3.2　环境心理学与居住空间设计

3.2.1　环境心理学

（1）含义

环境心理学是一门研究人与其周围环境相互作用的科学。它探讨了在心理学角度上人和

环境最优化的关系。环境心理学涉及多个领域,包括心理学、社会学、建筑学、人类学、生态学、城市规划、景观设计等,其研究目的是理解环境对人类感知、情绪、行为和福祉的影响,并应用这些知识来提高人们的生活质量,助力环境的可持续性发展。它在居住空间设计中的应用旨在**创建支持身心健康、增强空间使用效率和舒适度、促进社会互动,并支持可持续生活方式的居住环境**。它的意义在于使设计师通过色彩、光线、空间布局以及自然元素的科学运用,设计出既满足居住者心理需求又环保高效的生活空间,以提高居住者的生活质量和幸福感。

环境心理学家研究的主题非常广泛,包括但不限于以下几方面内容。

空间感知与方向感: 如何理解和导航空间,以及空间的布局如何影响人的感知和行为。

环境影响情绪与行为: 特定的环境(如颜色、光线、噪声等)如何影响人的情绪和行为。

人与自然的关系: 自然环境如何影响人的心理健康和福祉,人的行为对自然环境的影响,以及自然疗法等。

社会互动与环境: 物理环境如何促进或阻碍社会互动,包括公共空间的设计如何影响社区交流。

环境应激与应对策略: 人们如何应对环境压力(如噪声污染、拥挤等),以及这些压力如何影响人的心理和身体健康。

环境态度与行为: 研究个体或社群对环境问题的态度,以及他们在环保行为上的表现。

(2)历史与发展

环境心理学作为一门独立的学科,其历史和发展可以追溯到 20 世纪中叶。尽管人与环境之间的相互作用自古以来就一直是哲学、建筑和城市规划等领域关注的主题,但环境心理学作为一个系统化的研究领域,主要是在 20 世纪 60 年代开始形成和发展的。这一时期,社会对环境问题的关注日增,人们开始意识到环境对人类行为和心理健康的影响。当时的代表人物罗杰·巴克(roger barker)提出行为设置理论,强调环境对人的行为有决定性影响。普罗夏斯基(Proshansky)等人对"环境自我"概念的探索,开启了对环境身份和归属感的研究。

20 世纪 70 年代至 80 年代,环境心理学作为一门学科逐渐走向成熟,开始在全球范围内获得认可。这一时期,其研究主题和领域得到了显著扩展,涵盖了儿童环境、办公室设计、住宅满意度、环境应激等多个方面。学术期刊如《环境与行为》(*Environment and Behavior*)的创立,为环境心理学的研究提供了重要的平台。

21 世纪的全球化和科技的发展,给环境心理学带来了新的挑战和机遇。可持续发展、气候变化、虚拟环境对人的影响等成为新的研究热点。同时,跨学科合作日益增多,环境心理学的理论和方法开始应用于城市规划、灾难管理、绿色建筑设计等领域。当下人们更多地注重从人的需求出发,并关注环境设计和政策在不同社群中的公平性和包容性。同时也积极探讨数字技术、社交媒体和虚拟现实环境对人类行为和心理健康的影响。

环境心理学的发展历程展现了人类对改善居住环境、促进可持续发展和提高生活质量的不断追求。随着全球环境问题的日益突出，这一领域未来的发展将更加关键。

（3）应用领域

环境心理学的应用领域广泛，涉及生活的多个方面。以下是一些环境心理学主要的应用领域。

1）建筑空间

住宅设计：通过了解家庭成员的需求和行为模式，设计更适配的居住空间。

办公室布局：优化工作环境，提高员工的满意度和生产效率。

医疗设施：通过设计有利于病人康复的环境，改善病人的心理状态和治疗效果。

教育空间：创建有助于学习和发展的校园环境。

2）城市与社区规划

公共空间设计：设计便于人们社交、休闲和互动的公共区域，提高社区凝聚力。

城市规划：考虑到城市环境对居民的心理和行为影响，规划更宜居、更安全的城市环境。

3）环境保护与可持续发展

环境行为研究：研究人们对环境保护的态度和行为，推动更有效的环保政策和实践。

绿色建筑：利用环境心理学的原理，设计节能减排、与自然和谐共存的建筑。

4）消费者行为

零售环境设计：研究消费者在不同的零售环境中的行为，优化店铺布局和环境设计以增加销售量。

品牌与广告：了解环境因素如何影响消费者对品牌和产品的感知和态度。

5）灾难与应急管理

应对策略研究：研究在自然灾害和人为危机中，环境因素如何影响人们的应对策略和恢复能力。

避难所设计：设计满足心理和生理需求的避难所，帮助人们在紧急情况下保持良好的心态。

6）虚拟环境与技术

数字空间设计：探讨虚拟现实、在线社交平台等数字环境对人类行为和互动的影响。

人机交互：研究人们如何与智能家居、可穿戴设备等互动，优化用户体验。

3.2.2 空间中的人类心理与行为

（1）领域性与人际距离

领域性关系到人们在社交环境中如何设置和维护个人空间。在一个拥挤的公共交通工具上，尽管人际距离被迫缩短，但人们仍会通过各种非语言手段（如避免眼神接触或使用耳机）来尽可能维持自己的"领域"。同样，在办公环境中，人们通过布置物品和标记自己的工作区域来表明其领域性，间接影响到与同事之间的互动和人际距离。当这一空间受到侵犯时，可能会引起不安和焦虑感。领域性这一概念，起初用于描述动物为了获取资源和繁衍后代而展现的领地行为，在人类社会中，它转化为个人或群体对某个地方或区域的占有和防御行为，以满足特定的需求。无论是在室内活动还是社会交往中，人们都倾向于维护自己的活动不受外界打扰。

考虑到个人空间在室内环境中的重要性，理解和尊重人与人之间所需的物理距离变得尤为关键。基于人类学的研究，人际距离被分为密切距离、个人距离、社会距离和公众距离，每一类距离根据亲密程度和行为类型又细分为近区和远区。例如，在密切距离内，可以分为能感受到对方的体温和气味的近区距离，以及仅足够接触握手的远区距离。人际距离的具体实践也受文化、宗教、性别、职业和教育水平等因素的影响（表3-2-1）。

表3-2-1 人际距离的行为特征

距离类别	远近区
密切距离 0 ~ 450mm	远区 150 ~ 450mm，可与对方接触握手 近区 0 ~ 150mm，亲密，可感受到对方的体温和气味
个体距离 450 ~ 1200mm	远区 750 ~ 1200mm，清楚地看到细微表情的交谈 近区 450 ~ 750mm，促膝交谈，仍可与对方接触
社交距离 1200 ~ 3600mm	远区 2100 ~ 3600mm，交往不密切的社会距离 近区 1200 ~ 2100mm，社会交往，同事相处
公众距离 > 3600mm	远区 > 7500mm，借助姿势和扩音器的讲演 近区 3600 ~ 7500mm，自然语音的讲课、小型报告会

（2）私密性与尽端趋向

领域性关注的是空间的范围，而私密性则涉及空间内确保视线和声音不受干扰的需求。这种需求可以通过物理和心理手段来实现，例如通过墙壁、隔板或更微妙的方法（如使用耳机）来屏蔽周围的声音与干扰。私密性是居住和工作空间设计中的一个核心因素。例如，在集体宿舍中，较早到达的人通常会选择远离门口的床位以减少生活和睡眠时的干扰。这种选择也同样适用于餐厅环境，人们倾向于避免坐在门口附近或人流密集的区域。餐厅中的靠墙卡座因为位于较为隐蔽的位置，具有较少的视线干扰和更多的控制感，能满足顾客对于"尽端趋向"的心理需求，因此非常受欢迎。

（3）依托的安全感

在室内空间活动时，人们并不总是喜欢开阔和宽广的环境。心理上，他们倾向于靠近能提供某种支撑感的物体。比如在火车站或地铁站的候车区，如果没有座位，你会注意到人们不会选择站在最便于上车的位置，而是更愿意站在柱子附近。这样做不仅使他们能与人流通道保持一定的距离，而且靠近柱子会让他们感觉更安全，因为柱子能给人一种有所依靠的感觉。许多的儿童房设计会通过依托的方式提供安全感，如将床靠墙设置，一方面降低孩子掉下床的风险,一方面提供依托的安全感(图 3-2-1)。在很多的餐饮空间布局中,设计师在布局完靠窗与靠墙的座位后,会在剩余的座位区域创造隔断,让座位有所依托,减小座位之间的差异,使顾客在享受美食的同时能感受到身心的愉悦(图 3-2-2)。

> 图 3-2-1　某四口之家男孩房 / 深思维空间设计

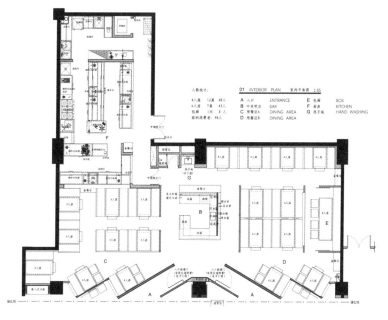

> 图 3-2-2　某烤肉店内布局 / 深思维空间设计

(4) 从众与趋光心理

通过观察一些公共场所中发生的紧急事件能发现,在紧急情况下,人们往往会盲目跟随少数几个快速行动的人,而不是根据自己的判断向安全出口逃生。例如在火灾中,随着烟雾的蔓延，人们通常不会去仔细阅读标识或文字，而是本能地跟随前面的人群，这种行为反映了从众心理的影响。此外，人们在室内空间的流动中，自然倾向于从较暗的地方向较明亮的地方移动。在紧急情况下，语音指示通常比文字指示更有效。

这些心理和行为的观察提示设计者在设计公共场所的室内环境时，应优先考虑空间和照明的导向作用。虽然标识和文字的引导也很重要，但考虑到紧急情况下人们的心理和行为，对空间布局、照明和声音指示的设计需要特别重视。这有助于在紧急情况下指引人们更有效地疏散。利用从众心理，设计师可以在居住空间设计中将公共区域的座位围绕在一起，促进家庭成员的相互联系和聚集，让人们在看到其他家庭成员聚在一起时，更愿意加入。也可利用趋光心理，在居室的特定区域，如阅读角、工作台或艺术展示区，使用良好的自然光线或氛围感照明来吸引人们前往和使用这些区域（图3-2-3）。

> 图3-2-3　某公寓休闲阅读区／深思维空间设计

（5）好奇心理与室内设计

好奇心是人类固有的一种心理特征，它驱使人们去探索未知的事物和环境。在室内设计领域，通过创造引人入胜的环境来激发人们的好奇心，可以极大地影响他们的体验。一个设计独特且能引发好奇心的室内空间不仅能满足人们探索的心理需求，还能让这个空间给人留下深刻的印象。这在商业空间设计中尤其重要，因为它有助于吸引顾客，并鼓励他们延长停留时间，从而增加购物等活动的可能性。著名心理学家柏立纳通过大量的实验和分析发现，**非常规性、重复性、多样性、复杂性和新奇性**是激发好奇心的五个关键因素。在室内设计中融入这些元素，可以有效地吸引和保持顾客的兴趣，这对于商业空间来说尤为重要，因为它们能促使顾客探索更多事物，进而可能增加消费行为。**这个部分可以与本书第4章内容结合进行学习。但需要注意的是，商业空间注重快速吸引与强烈的体验感，而居住空间更看重长久的舒适度与不易厌倦的美学，因此这些技巧的应用在商业空间与居住空间中是有很大不同的，这需要设计师把控策略应用的程度。** 以下详细介绍五个关键因素。

① 非常规性。对于传统的、规则性强的布局，人们往往一眼就能看透其整体结构，这样的设计很难引起人们的好奇心。因此，设计师常采用不规则的布局来激发探索的兴趣。这样的设计不仅打破了常规的空间排列，还增添了空间的动感与生命力，更能激起人们的探索欲，

加深人们对空间的记忆（图 3-2-4）。

② 重复性。重复性在设计中不单是指材料或元素数量的增加，而且还是指相同事物重复出现的频率。当某个元素仅出现几次时，它可能不会引起人们太多的注意，容易被忽略。然而，当这些元素频繁出现时，它们更容易吸引人的目光并激发人们的好奇心。室内设计师经常通过使用大量相同的设计元素来增强空间的吸引力。这种设计策略不仅增加了空间的视觉冲击，还能引导人们的视线和行动路径，从而增强整体设计的吸引力。如图 3-2-5 中，拱门造型的重复应用，大大提高了空间的氛围感与透视感。

③ 多样性。多样性在室内设计中指的是形状、尺寸和处理方式的变化和创新。这个手法更适用于较大的空间，一个优秀的例子

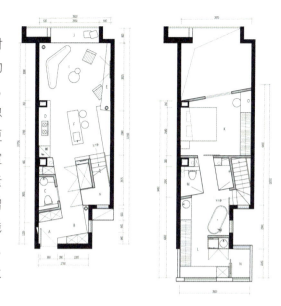

> 图 3-2-4　某单身公寓不规则平面布局 / 深思维空间设计

是香港 K11 MUSEA 商场的中庭（图 3-2-6），它被命名为 Opera Theatre，由 KPF 最初提出设计概念，并由其与 AB Concept、LAAB 以及 Speirs+Major 多家设计团队合力打造。空间融合了流线型、圆形、直线等元素，配合灯光效果，创造出绮丽奇幻、丰富多彩、多样化、戏剧式的沉浸商业体验。K11 MUSEA 超越消费者对一般购物热点的想象，可以说是前沿而具有突破性的文化零售概念的实体呈现。这样的设计不仅美观，还能激发人们的好奇心，增加他们的探索与观光兴趣。在居室设计中，我们可以通过多元的材质、色彩、造型、功能等创造多样化空间。但由于大多居室的空间尺度都较小，要注意避免过多元素的堆砌导致空间的烦琐。

> 图 3-2-5　某居室走廊拱门造型设计 / 深思维空间设计

> 图 3-2-6　香港 K11 MUSEA 商场中庭 / KPF、AB Concept、LAAB、Speirs+Major 等共同设计

④ 复杂性。在设计中利用事物的复杂性来激发人们的好奇心是一种被广泛采用的策略。特别是在进入后工业时代后，人们对于那些千篇一律、缺乏个性化的大规模机器制造的产品感到越来越不满。因此，他们渴望设计师能够创造出更具变化、色彩丰富且富有情感的空间，以满足他们不断变化的需求和提升生活品质。如图3-2-7所示，业主对于色彩、图案、风格的喜好非常多元和广泛，设计师将多种元素融合，创造了一个复杂、富有个性但多而不乱的空间。这种设计不仅满足了人们对自我个性和美学的追求，也提供了更多个性化和情感联系的可能，使空间不仅是功能性的，更是情感交流的场所。

> 图 3-2-7　某别墅客厅设计 / 深思维空间设计

⑤ 新奇性。为了实现新奇的效果，设计师通常采用几种策略：首先，通过创造与众不同的空间形态或效果来吸引视觉注意；其次，通过调整日常物品的尺寸，即放大或缩小它们，来激发观者的好奇心；最后，使用形状独特的雕塑、装置、装饰品、图案和景观来增强空间的吸引力。除此之外，光线、照明、镜面、特殊的装饰材料，甚至独特的声音和气味也都是激发好奇心的常用元素。利用好奇心理在室内设计中的作用，不仅有助于吸引人流，还能增加人们的心理满足感，这对于创造一个令人满意的室内环境至关重要。因此，这种设计思维对设计师来说是非常重要和有价值的。如图3-2-8所示，在征求业主的同意后，设计师在更衣室置入了大量镜面材质，使更衣室呈现出四倍的视觉大小，同时也方便业主试衣。要注意的是，**由于文化原因以及考虑到后期的维护与打理，很多人不喜欢在私人住宅中放置大面积的镜子，因此在这一点上应事先与业主进行**

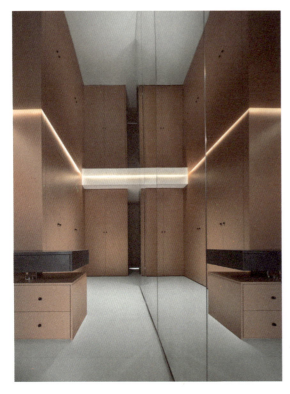

> 图 3-2-8　某公寓更衣室设计 / 深思维空间设计

充分沟通。

（6）空间形状给人的心理感受

在设计室内空间时，通过选择适合的几何形状，可以根据项目的特定需求来引导和塑造人们的心理感受。表 3-2-2 列举了不同空间形状带给人的视觉与心理感受。设计师可以利用这些知识，有目的地选择和应用不同的空间形状，以达到预期的视觉和情感影响。

表 3-2-2 空间形状的视觉属性和情感影响

空间形状	视觉属性	情感影响
圆形和曲线形状	柔和、安宁	安全舒适、轻松包容
矩形和方形空间	界限清晰、有序	稳定、效率、正式、庄重
三角形和锐角形状	动态、尖锐	活力激情、创新突破
不规则形状	自然随意、有机	激发想象力、打破常规、自由

课后训练与思考

1. 做一个 120m^2 的居住空间平面方案，将家具尺寸与过道尺寸标出，结合本章所学知识检查设计是否合理，思考这样的尺寸对于居住者的心理能否产生正向引导。

2. 还有哪些你感兴趣的室内设计相关学科？请列举并说说你对它们的认识。

4 叙事性设计思维培养

学习目标

1. 通过对叙事性设计及其起源与发展的初步认知，了解其基本概念。
2. 了解叙事性设计的目的，掌握叙事性设计的基本方法。
3. 具备叙事性设计的构思能力和方案推演的设计能力。

4.1 叙事性设计概述

叙事性设计是指在设计过程中通过情节、故事或主题来构建和传达一个有意义的空间。**这种设计方法不仅考虑了空间的功能性和美学，还注重通过设计元素和布局来传达特定的情感、理念或故事。**室内设计的叙事性设计可以通过多种方式实现，包括使用特定的装置、材料、色彩、家具布置、灯光设计等来营造特定的氛围和情感效果，从而引导用户感受到设计师想要传达的故事或主题。这种设计方法旨在为用户提供更丰富、更深层次的情感体验，使空间不仅仅是功能性的，而且是具有情感共鸣和意义的。

4.1.1 叙事性设计的起源

"叙事"源于文学学科，是指通过语言、文字或其他媒介传达故事、情节或事件的过程。在文学学科中，叙事是一个核心概念，是文学作品的基本组成部分之一。叙事不仅仅局限于文学领域，也可以应用于其他形式的艺术和传播媒介中，如绘画、电影、音乐等。随着时间的推移，叙事开始渗透到设计、建筑等领域，从而衍生出了叙事性设计的概念和方法。

叙事性设计方法的起源可以追溯到原始社会时期，当时人们通过装饰艺术和建筑来传达故事、信仰和价值观。古代的宫殿、寺庙和墓葬等建筑常常通过壁画、雕塑和装饰来展示宗教神话、历史传说或统治者的功绩。这些装饰和艺术品不仅是美学的体现，也是叙事的载体，

> 图 4-1-1　欧几里得几何作品　埃克赛特图书馆 / 路易斯 · 康

用以传达特定的情感和思想。

自 20 世纪 70 年代以来，全球范围内的场所建设面临了巨大的挑战，这一挑战主要源自文化全球化和地方文化认同之间的冲突，现代化的空间规划和建设主要关注现实物质功能，却在很大程度上忽视了社会文化和情感体验的关联。然而，随着信息时代的发展，消费者和使用者对于日常生活美学和多样化情感体验的需求不断增加，大量网络制造出的虚拟空间无法满足使用者对于亲历体验的需求。与此同时，现代建筑美学在数字化设计的冲击之下遇到了巨大挑战，传统的欧几里得几何体系（图 4-1-1）不足以诠释先锋建筑所涉及的复杂关系和语义特征。这种情况促使建筑领域寻求新的研究范式，于是，建筑界从跨学科的角度重新审视建筑创作的方法。随着后现代主义哲学、符号学、地理心理学、现象学、文化人类学等学科的引入，建筑与叙事之间的关系逐渐成为一个备受关注的研究领域。叙事性设计从跨学科角度重新思考建筑的目的，试图创造更具有情感共鸣与亲历体验的空间。

4.1.2　叙事性设计的发展

叙事作为一种设计方法最早在 20 世纪 80 年代初被引入现代空间创作。伯纳德·曲米（Bernard Tschumi）和尼格尔·库特斯（Nigel Coates）是英国建筑联盟学院（AA School）的教师，他们率先推动了叙事在建筑领域与文学、电影、表演空间等跨学科领域的探索与实践。1983 年，曲米和库特斯将学生的作业结集出版了一本名为《事件的话语》的书。该书展示了他们如何运用叙事策略，将空间体验、建筑使用和场所的时间维度，转化为城市空间和建筑的漫画式的"事件话语"。这种以卡通形式表现的建筑创作方式受到了一些建筑权威人士的批评。在 80 年代，库特斯与他的学生成立了一个名为"当今叙事建筑（Narrative Architecture Today，NATO）"的研究小组。他们借用了情境主义城市思想和手法，通过拼贴呈现了一个真实与理想相交融的城市意象。尽管"当今叙事建筑"小组经历了一些困难，但库特斯一直在不断发展和完善自己对叙事建筑的理解。最终，库特斯于 2012 年出版了一本关于叙事建筑的专辑，进一步深化了他对这一设计方法的观点。这个过程表明，叙事性设计的发展历程经历了挑战与批评，但也在建筑领域引发了对创新和跨学科研究的关注。

室内设计是建筑空间的深化和发展，在建筑领域率先关注到叙事性设计后，这一设计手法也逐渐被运用到了室内空间中。**随着当代人对于情绪价值、沉浸式体验的需求水涨船高，叙事性设计在居住空间设计中的应用成了一种趋势**。设计师开始运用叙事结构和主题元素来构建居住空间，通过空间布局、材料选择、色彩搭配、家具摆放等手段，营造出一个让人沉浸其中的故事情境，使居室不仅仅是一个功能性和美学性的空间，更是一个富有情感共鸣和故事意义的场所。

4.1.3　叙事性设计的理论基础

叙事学之所以在设计领域得到应用，不仅源于人们对时代发展需求的认知，还得益于两者的历史渊源与相关理论的发展。简单来说，就是**将空间和设计文学化。**

叙事作为一种文学手法，是指故事以有序再现的形式在时空中展开的方式；同时，它也是一种结构，将各个部分整合成一个有机整体；此外，叙事还是一个叙述过程，通过选择、安排、渲染活动或故事题材，使读者在其中获得一种与时间紧密相连的特殊感受。

叙事的概念小到道具，大到人类历史，从具象的雕塑到抽象的文本，已经延伸到人类文明的各个领域。它引入了共性的逻辑系统，进入了相关学科的研究，并以各种形式的外在体现媒介呈现。最终，这种跨学科的思想在 20 世纪下半叶演变为"新叙事学"。新叙事在认识论上倡导从"以符号/要素为核心"转向"以语义/关系为核心"的世界观，逐渐成为一个涵盖多领域的跨学科概念。

文学叙事中的时代背景、人物、场景、起因、经过、结果等多方面的要素共同构成了故事。其基于情节的跌宕起伏、氛围的积淀渲染，给予读者身临其境之感，传递出作者的精神与情感。居住空间设计中亦是如此，借以具象的设计元素，如构图、色彩、材质、光等，营造围绕主题的空间氛围，将各元素串联在特定的空间序列中，调动起空间使用者的五感，使其如同在阅读一本书。

4.2 叙事性居住空间设计的意义

21 世纪是信息高速发展的时代，人们对于日常的生活美学和多样化情感体验的需求不断增加。而居住空间反映了居住者的个人品位、审美偏好和生活风格，不论是家具、色彩还是装饰物摆放等都能展示出居住者的日常活动和生活方式。居住空间承载着使用者的个人故事与记忆，恰当的叙事性设计为居住者提供了更疗愈和健康的生活体验。

4.2.1 物质层面：功能性

叙事性设计是指结合居住者的独特需求和叙事主题进行个性化定制，**从独特的故事情节和元素入手，将空间功能通过故事线索串联**。如图 4-2-1 所示，空间故事围绕月球展开，将月牙元素与镜子进行了结合，使空间的使用更符合

> 图 4-2-1 某卫生间设计 / 深思维空间设计

叙事主题，实现功能的升级和优化。

此外，叙事性居住空间设计可以通过巧妙的布局、元素安排和视觉引导来控制动线，使居住者在行进过程中感受到空间不同节点的情节转折，使他们更自然地理解空间的用途和布局。例如通过空间的材质、颜色、照明或者装饰元素的变化，在居住者必要的行进路线上合理进行功能区域的划分或元素提示，引导居住者在空间中有目的地流动，如同在一个美丽的景点中穿行一般（图 4-2-2）。

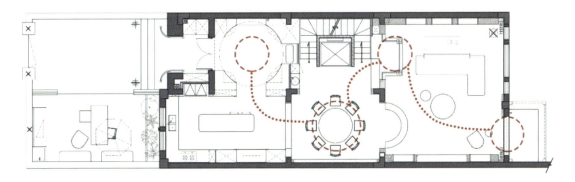

> 图 4-2-2　某别墅设计空间引导分析 / 深思维空间设计

4.2.2　精神层面：美学性

叙事性居住空间设计的美学呈现自然剥离了普遍性与大众化，通过符合叙事主题的空间布局、色彩搭配、材料选择等，为每个空间营造出故事场景而非常规美学场景，让居住者在家中感受到特有的仪式感（图 4-2-3）。

叙事性设计与普通美学设计不同的是，**普通美学设计寻找美感，而叙事性设计寻找逻辑**。它所提炼的空间元素，都紧密围绕其叙事内容，不仅反映居住者的喜好，还使空间中所出现的美学场景都有其内在逻辑并能自圆其说。相比于传统构思方法，叙事性的思维因其特有的思考方式，较容易打破常规，能加强居住者与空间之间的内在情感连接。

> 图 4-2-3　某住宅仪式感餐厅 / 深思维空间设计

4.2.3 综合层面：行为性

叙事性设计创造了更有趣、更符合个性化需求的居住环境，这种定制化空间使人们乐意在此分享空间故事。舒适的公共区域设计促进人与人之间的情感连接，使居住者更愿意参与空间的利用，更积极地进行社交互动，并在愉悦的环境中塑造更为健康、积极和乐观的生活方式。如图 4-2-4 所示，在一个叙事主题为"周末派对"的居室设计中，居住者是一对非常喜爱聚会的年轻夫妻，他们性格开朗，广交朋友，并且热爱森林木屋。因此在设计中，出现了温暖木屋烤火的场景，并搭配了足够多的座位。看到图片，仿佛就已经与亲人朋友置身于温暖的森林小屋中，享受慵懒的周末时光。

> 图 4-2-4　某住宅聚会空间 / 深思维空间设计

4.2.4 社会层面：时代性

（1）数字化应用

当代社会处于科技创新的时代，叙事性设计往往需要通过设计师的不断测试与推演，才能最终得以实现。数字化的推演技术为设计师提供了丰富的创作土壤和操作空间，许多个性化的定制和美学设计依托数字化技术的发展（如 AI 辅助设计），也得以迸发出无穷的火花，预示了未来居住环境的多种可能性。

（2）文化需求的崛起

叙事性设计可以在居住空间中体现和传承特定的文化价值观和传统，展现居住空间所属文化的独特魅力和精神内涵，丰富用户的文化体验和认知。这也正符合当下的时代潮流与社会多元、包容发展的趋势。叙事性设计反映了对文化多样性的尊重，也为未来社会创造更加开放、包容的居住空间提供了可能。如图 4-2-5 所示，围绕"东方园林里的法式情感"这一叙事主题，空间中融入了梅花窗、仙鹤与灯笼等中式传统元素，同时，还借鉴了西方古典墙裙、罗马柱和法式线条的做法，体现了多元文化的开放性与包容度。

> 图 4-2-5　某住宅客餐厅空间 / 深思维空间设计

（3）前瞻性与可持续性

基于叙事性设计的跨学科设计性质，设计师在探索新材料、新技术和新形式方面持续创新，为未来居住环境的发展提供了思路和范本。同时，在可持续性设计的材料选择、能源利用和生态环境保护等综合考虑上，也符合未来社会对环保和可持续性生活方式的追求和发展，这种设计理念为未来居住环境的发展提供了有益的参考与启示。

4.3　叙事性居住空间设计的方法

叙事性居住空间设计是一种通过融入故事性元素、情感体验和主题概念来创造富有故事感和个性的室内环境的设计方法。不同于传统概念设计思路，它需要通过**头脑风暴、主题和概念制定、空间流动性设计、情感体验设计、象征性元素设计、时序性设计、互动设计的运用等**，创造出一个有机、流动、个性化且贴近居住者情感的居住环境。这一设计方法的作用在于提升居住者的感知体验，增强人与空间的感情互动和内在连接，使人产生深层次的情感共鸣。

4.3.1 前期调研与发展

"知己知彼，百战不殆。"任何的设计都要基于调研。不论研究对象是居住场地、居住者，还是特定的兴趣领域，调研都可以在相应的工作背景下加深设计者对该项目的理解，使设计者在设计时能从更加全面的角度考虑，并增长见识。

（1）实地考察与项目研究

在着手设计之前，理解项目的基本情况尤为关键，建议将项目场地环境所带来的体验感与第一印象记录下来，感受场地的特点、价值、优劣势，并且结合居住者的需求，捕捉到适合的情绪点。

（2）发散性思维

在设计的前期，尽可能地挖掘项目所有的可能性以及对其产生的想法，将脑海中的模糊想法用草图勾勒出来，将创意构思初期朦胧的灵感和想法全盘托出。叙事的灵感构思需要"量"的支撑，将大量的创意或者是素材从脑海中输出的过程，称为"发散性思维"。发散性思维是由问题的中心向四面八方扩散，来寻找与项目最为贴切的灵感的思考方式。

初学者最容易犯的错误就是将这个过程按照"手枪式思维"进行。"手枪性思维"是指仅有1个创意点就开始思考整个方案。"手枪性思维"的局限性会使设计丢失许多的可能性，导致设计者仅对项目进行片面的勾勒。发散性思维模式下思考的创意点如同"机枪"一般，为项目不断寻找各种可能性；又好比渔民在捕鱼的时候并不会去计较鱼的大小，而是关注捕鱼的总量，等鱼上岸后再仔细甄别大小，加以分类。

发散性思维的代表——头脑风暴法（自由联想法），又称为"脑力激荡"或"思维风暴"，是一种发散性思维的创意技术，旨在集思广益，激发团队创意。这个过程通常是将一组人集结在一起，通过自由表达，大胆提出想法而迅速产生大量创意（图4-3-1）。

头脑风暴是一种不假思索追求各种可能性的开放性思考方式，与传统的收敛性思维相反。在头脑风暴中，团队成员被鼓励不问对错地大胆提出各种各样的想法，以尽可能涉猎更多的创意领域。头脑风暴的关键特点包括以下几个方面。

① 自由表达：团队成员被鼓励发表任何与主题相关的想法，无论其看似多么奇特或不合常理。

② 数量胜过质量：重视产生大量创意，而非首先考虑创意的质量和对错。足够的数量可以激发更多灵感和可能性。

③ 禁止批评：在初始阶段，避免对任何想法进行批评或评判，以保持团队成员的创意动力。

④ 组合和改进：在头脑风暴的后期，可以对提出的想法进行分组和改进，形成更具实际

可行性的解决方案。

⑤ 时间限制：通常在短时间内进行，以防止过度思考，同时促使更多即兴创意的涌现。

这种发散性思维的方法有助于打破传统的思维模式，激发创造力，促使更多新颖而富有创意的想法涌现。头脑风暴通常用于解决问题、创新产品或服务、改进流程等需要创意思维的情境中。

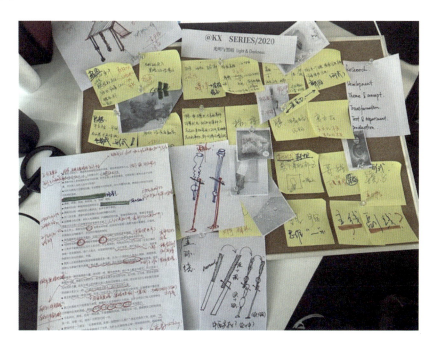

> 图 4-3-1　头脑风暴故事板 / 深思维空间设计

（3）收敛性思维

发散性思维是由问题的中心向四面八方扩散，以此来获取灵感与探索的方法。与之相对的是收敛性思维，它是由四面八方回归问题的中心，过滤和总结所有的事实和灵感的集中性思考方式。构思的基本流程是从发散性思维向收敛性思维过渡，前半段重视数量，而后半段重视质量。"发散性思维"等于"不断尝试思考"，"收敛性思维"等于"思考总结解决方案"，从中筛选可以发展的灵感，以便在后期设计中准确、适当地展开。

收敛性思维的代表——空间归纳法（KJ 法），是一种用于整理和归纳大量信息的方法，通常用于解决问题、制定计划或分析复杂情境。该方法由日本学者川喜田二郎（Kawakita Jiro）于 20 世纪 60 年代提出，因此被称为 KJ 法。KJ 法主要用于团队协作，以促进创造性思维的汇总和达成共识，其基本步骤如下。

① 信息整理：将发散性思维产生出来的结果进行信息整理，将所有信息放在一块白板上，形成一个信息空间。

② 信息分类编组：将相似或者具有关联性的信息进行分类和归纳，将相同的主题信息放在一起。

③ 整合共识：在整理信息的过程中，团队成员可以讨论并形成共识，以确定最重要或和项目最相关的信息。

④ 图形表达：可以使用图形的表达方式，如箭头、线条等，将不同的信息和分类关系以可视化的形式表达出来，以构成整个系统的关系图，以宏观的角度确定叙事性之间的逻辑关系。

⑤ 总结和决策：最后，通过整理的信息和达成的共识，团队可以得出结论，制订计划或作出决策。

空间归纳法的优点在于能够从多个视角汇聚各种信息，并通过整理和分类形成结构化的知识图谱。这有助于团队理解复杂性问题，推动创新和形成共识。

4.3.2　叙事性设计的建构类型

叙事既为一种文学载体，就有不同的类型与阅读结构，面对不同的项目与不同的居住需求，选择适合的叙事建构类型才能为项目做出最优解。叙事建构大致分为三大类型：线性叙事、非线性叙事、反线性叙事。

（1）线性叙事

线性叙事分为单线叙事或复线叙事，是指按照时间顺序或者特定的逻辑顺序，以线性的、直线的方式呈现故事情节的发展。这种叙事形式通常遵循经典的故事结构，包括引言、开篇、高潮和结尾。在线性叙事中，事件按照它们发生的先后顺序被有条理地呈现出来，观众或读者能够沿着一个明确的时间线追溯故事的发展。这种叙事形式让人们更容易理解和跟随故事的情节，因为它呈现出了一个清晰、有序的故事线索。

如图 4-3-2 所示，该项目使用了单线叙事的形式，把入口、厨房、餐厅和客厅如同写故事一般设计成引言、开篇、高潮和结尾，以便后期在进行空间设计时，能从宏观的视角把握整体空间的侧重点。我们可以通过限制路径，并且在行进路径的必经点位上进行重点处理，使空间能够随着居住者的行动路线展开，让人获得如同阅读一篇故事一般的空间体验。

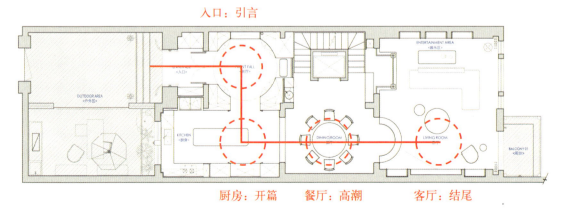

> 图 4-3-2　线性叙事在居住空间中的规划路径 / 深思维空间设计

（2）非线性叙事

常见的非线性叙事有散点、环扣、复调和并置。与传统的线性叙事不同，它打破了时间的严格顺序，以一种非直线的方式呈现故事情节的发展。在非线性叙事中，故事的时间性不按照事件发生的先后顺序进行呈现，使得居住者在心理上更为积极地追寻和理解叙事的发展。这些非线性叙事形式使创作者能够更自由地构建故事，打破时间限制，增加故事的复杂性和深度。居住者在面对这些形式时需要有更多的主动性和思考，这就增加了个体思维与空间的互动和碰撞（图4-3-3）。

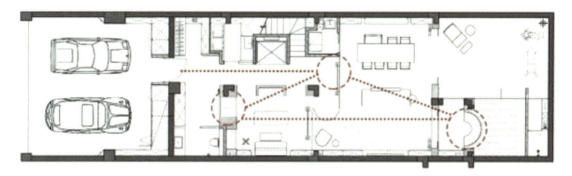

> 图4-3-3　非线性叙事在居住空间中的规划路径 / 深思维空间设计

① 散点叙事：散点叙事指的是叙事的内容以非线性的顺序呈现，体验者需要通过片段之间的关联来理解整体故事。在居住空间中，可以将叙事内容以装饰物或构筑物等的形式，分散在空间中，形成空间元素的线索。

② 环扣叙事：环扣叙事是指故事中的情节或事件形成一个循环，某些部分可能会反复出现，创造出循环时间线的效果。

③ 复调叙事：复调叙事涉及多个视角或多个故事线的交织。每个视角或线索可能独立发展，最终共同构成一个完整的故事。这种方式强调了多元性和复杂性，也需要设计师有更强的逻辑思维能力。

④ 并置叙事：并置叙事是指同时呈现两个或多个平行发展的故事线，它们可能在某一点相互交汇或产生关联。这种方式允许观众在多个层面上理解故事。

（3）反线性叙事

反线性叙事并不推崇叙事，有意淡化叙事，淡化情节，淡化人物关系，更多的是表达一种情绪。反线性叙事的目的是通过某种元素逐步揭示空间故事背后的发展，以达到吸引注意力、产生悬念和深化故事层次的效果。

这种叙事方式挑战了传统的线性叙事结构，使观众不是按照事件发生的自然顺序去理解故事，而是通过情绪或是元素来构建对整个故事的认知。这样的安排有时会强调"为什么"和"如何"，而不是"发生了什么"，从而在故事中引入更多的复杂性和思考。

反线性叙事通常更为隐喻和抽象，而非直接呈现故事。设计师通过空间元素的布局、序列的安排以及观者在空间中的流动，试图传达一种非传统的、逆向的体验，使观者在空间中探索、反思，类似于反线性叙事所追求的思考方式。如图4-3-4所示的德国犹太人纪念碑群，通过复制的手法，带来一种巨大的反思力量与情绪。

4.3.3 方案推演

设计师在设计的过程中经历了从初步思路形成到方案想象、表达的过程。在这个过程中，设计师的创意思维并不是完整的，而是碎片化地在脑海中出现。而方案推演的过程，就是将零碎的概念演变成具象的设计。这一阶段需要设计师运用高度谨慎的思考方式，将脑海中模糊不清或者思如泉涌的想法通过手绘或者图片展示的形式记录下来，在反复实验、推演、测试与再测试的过程中验证概念的落地性，从而形成从概念到设计落地一体的系统性思考模型。

> 图 4-3-4　德国犹太人纪念碑群 / 彼得·艾森曼

（1）概念的形成

在概念的形成阶段，应将文字信息转化成图片语言。图片信息的传递速度远比文字信息要来得快而准确，运用图片语言可提高工作效率与沟通效率。这个阶段还可以利用 OpenAI 的图像处理软件辅助联想，如图 4-3-5 所示，这是一个基于巧克力零售店的设计联想，设计

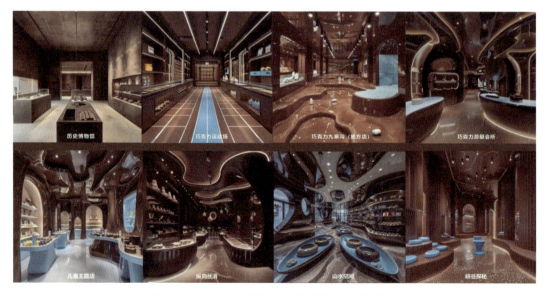

> 图 4-3-5　巧克力零售店设计联想（AI 辅助设计）

师通过输入关键词，生成了相应图片。图片信息的推演过程会锻炼设计师的具象思维能力，并使之发现更有价值的问题与解决方式。这要求设计师需要有创造性思维能力、敏锐的预判能力和提出问题的能力。

概念的选择需要贴合实际情况而产生：是否对项目背景有透彻的理解，与项目成本的匹配程度如何，概念是否贴合业主的需求，等等。概念的选择是多样的，但是在确定概念的时候需要用严谨的态度筛选、提炼和评估，才能让概念有一个强而有力的落脚点。

（2）方案的测试与演变

方案的测试需要基于实际情况，通过 CAD、SU 或者 3ds Max 等数字化辅助设计的工具进行测算和推演，实际感受布局、尺寸、比例等是否能系统且准确地将概念表达出来，来验证概念的实操性与差距性。在此期间，设计师必然会遇到无法与概念自洽的情况，或遇到新的问题，这就需要设计师反复地对设计进行推敲，利用团队的力量共同探讨新的方案，抓大放小，直至达到概念与方案的最优状态。

（3）最后呈现

设计方案经历从概念形成到方案落成的一系列环节，设计师的脑海中势必经历了一场风暴。但最后的呈现结果还需要转化为令业主清晰明了的形式。效果图或模型呈现是最直观的方式，这需要我们有强大的制图技术支撑，以便让对方能准确领悟最终的设计成果。

课后训练与思考

1. 找一个 120m² 左右的单元房平面框架，选择一位同学、朋友或家人作为你的甲方，结合他（她）的个人背景，做一个具有叙事性设计的居住空间设计方案。

2. 叙事性设计思考模型的构建需要设计师具备哪些能力？

5

居住空间界面设计

学习目标

1. 通过对居住空间界面设计要点与手法的学习，了解界面设计的基本知识。
2. 掌握空间界面设计的手法与技巧。
3. 建立界面设计的全局观念，培养良好的设计习惯。

5.1 吊顶设计

居住空间界面是指空间内的所有组成部分及其布局，包括墙壁、地板、天花板、窗户、门以及所有的家具和装饰。在更广泛的意义上，空间界面可以被视为人与空间交互的物理界面，它包括光线的控制、声音的管理、空间流动性的提高以及环境整体氛围的创造。因此，空间界面设计是一个多维度的过程，涵盖了从简单的家具摆放到复杂的建筑改造的各种设计考量。

学习居住空间吊顶设计时，需要综合考虑美观、实用与安全三大要素。首先，美观性涉及吊顶的材质、颜色与造型的设计，应与整体室内设计风格协调统一，并将吊顶结构及线路设备进行视觉优化处理。其次，实用性体现在吊顶对空间功能的影响上，如照明、通风和声学效果的优化，以及各类管线与设备的协调。最后，安全性和持久性是重点，要确保材料的防火性和结构的稳固性。此外，需要考虑到施工技术与成本效益，在设计前应进行详细的规划和预算评估。在学习过程中，可通过案例分析和实地考察加深理解与应用。

5.1.1 吊顶设计要点

居住空间吊顶内容涉及建筑结构、水电管线、空调/新风、消防、音响、天花造型、灯具等，设计时需提前梳理功能需求以免遗漏。**很多初学者错误地认为吊顶上的内容很少，常常忽略其重要性。**以下详细总结了吊顶设计的要点。

（1）功能要点

照明功能： 灯光照明在室内设计中的重要程度与硬装设计部分相当。灯具可以出现在空间中的任意界面，但吊顶上的灯具数量占比是最大的。设计时要整合各种照明解决方案，包括嵌入式灯具、吊灯、LED 灯带等。布局合理的照明可以提供不同层次与效果的光线，为居室创造适宜的视觉环境和氛围。

声学改善： 在家庭影院或音乐房等对声学有要求的空间中，可以选择吸音材料，如矿棉板或专用的声学石膏板，这些材料有助于降低噪声，提高声音质量。

空气品质控制： 空调新风等系统为室内提供了清新的空气与适宜的温度、湿度等。吊顶设计时需要将此类设备的进出风口安排在最适宜的地方，以提高其工作效率，利于空气流动，保证居住者体感的舒适。对于一些更专业、更全面的多合一系统，如 HVAC 系统（Heating，Ventilation，and Air Conditioning），则需要在平面局部阶段就更全面地考虑其安装位置。

隐藏管线系统与建筑结构： 吊顶提供了一个隐藏电线、管道、建筑结构和各种安装系统（如安防监控、音响系统等）的空间。

区域划分： 同平面布局相似，吊顶布局也可以划分区域。使用不同高度或风格的吊顶来标明区域界限，可以从视觉上区分不同的功能区域。

提升空间感： 可以通过适当提高或降低某些区域的吊顶高度来改变空间的比例与感觉，使小空间看起来更开阔，或者使大空间更显亲密和温馨。

节能优化： 通过吊顶设计，可以优化室内的热效率，例如使用保温材料减少热量流失，帮助维持室内温度，减少能源消耗。此外，大部分吊顶色彩浅，光反射度高，既能保证良好的光线也可以节约电能。

（2）美学要点

形状与设计： 吊顶的形状和设计可以极大地影响空间的视觉感受。设计可以是简单的平面，也可以是具有现代感的几何形状，甚至是复杂的艺术性结构，如波浪形、圆形或多层次设计。这些形状可以创造出动感和层次感，为空间添加视觉焦点。

色彩与纹理： 吊顶的颜色和纹理应与房间的整体色调和风格相协调。使用反光或亚光的表面处理可以影响空间的光线分布和氛围。深色调可以使房间看起来更温暖而集中，而浅色调则能扩大空间感。

照明集成： 灯具具有很强的装饰作用，隐藏式灯光（如当下流行的"无主灯设计"，即嵌入式灯具和LED灯带）可以增强空间的现代感与未来感；通过吊顶结构布置重点的装饰灯具，可以营造出温馨或者戏剧性的照明效果，增加空间的层次和氛围感，强调空间风格。

材料的创新使用： 围绕空间主题与元素，选择特别的材料，如镜面、玻璃、金属、木材或纺织品，可以使吊顶成为一个具有表现力的艺术作品。

艺术与装饰性细节： 吊顶可以配合装饰细节，如模具、镶板或画作，从而成为空间的重点。

和谐与对比： 在设计吊顶时，寻求吊顶与室内其他元素（如地板、墙面和家具）的配套和谐，或者故意制造对比，以突出吊顶或创造惊喜的视觉效果。

（3）材料要点

安全性： 材料的安全是指其稳定性、环保性、防火性都要符合当地的建筑标准和规范。

耐用性和维护性： 材料应耐用且易于维护。石膏板和硅酸钙板都是吊顶的常用材料，它们相对经济、质轻、易于安装和粉刷。PVC板、蜂窝大板、铝扣板、集成吊顶等则因具有耐水和防潮特性而多用于厨房和卫生间。

声学性能： 对于需要良好声学环境的空间，如家庭影院或音乐室，应选择具有吸音特性的材料，如矿棉板或特制的吸音石膏板。

重量和承重： 材料的重量是吊顶选材有别于其他界面选材的一个关键点。尤其是在已有建筑结构中添加吊顶时，选用的材料不应过重，以避免对建筑结构造成负担，埋下日后使用的安全隐患。

5.1.2 吊顶设计手法

21世纪以来，居住空间的吊顶设计经历了从单一到多元的显著变革。早期的吊顶设计主要侧重于基本的功能性，如隔音和隔热，使用的材料多为石膏和木材，设计通常简单且实用。当代的吊顶设计开始融合审美和技术，采用轻质、防潮和易于塑形的新材料，如PVC和玻璃纤维等，不仅提高了设计的自由度，也增强了空间的个性化和定制化。现代吊顶不只是视觉元素，它集成了照明、通风和声音系统，成为功能性组件的一部分，同时注重环保和可持续性，支持绿色建筑标准。这些变化显示了技术和材料的进步，也反映了人们意识和审美的进步，指引着未来吊顶设计向着更加智能化、多元化的方向发展。以下总结了一些吊顶设计的常用手法。

① 补充结构：不隐藏吊顶原结构，通过补充梁位造型，使梁成为空间造型的一部分，达到装饰空间的效果（图5-1-1~图5-1-3）。

② 强调结构：不隐藏吊顶原结构，通过色彩或材质运用强调梁位，并赋予其功能性（图5-1-4）。

③ 隐藏结构：隐藏原结构，尽可能不占用吊顶高度。通过使吊顶界面变形，达到隐梁不降顶的目的（图5-1-5、图5-1-6）。

④ 创造结构：根据不同设计主题与空间结构，创造合适的吊顶造型，使其与灯光相融（图5-1-7~图5-1-9）。

⑤ 虚幻空间：隐藏吊顶结构及管线，通过镜面拓展视觉高度，缓解吊顶的压迫感（图5-1-10）。

⑥ 装饰：通过浮雕或线条造型，在吊顶表面做装饰性处理（图5-1-11）。

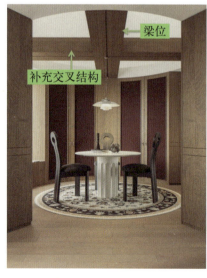

> 图5-1-1　某住宅餐厅区域（1）/ 深思维空间设计

> 图5-1-2　深思维办公空间大厅 / 深思维空间设计

> 图 5-1-3 某别墅阁楼书房区域 / 深思维空间设计

> 图 5-1-4 某住宅客厅区域 / 深思维空间设计

> 图 5-1-5 某住宅过道区域（1）/ 深思维空间设计

> 图 5-1-6 某住宅餐厅区域(2)/深思维空间设计

> 图 5-1-7 某别墅餐厅区域/
　　　　　深思维空间设计

> 图 5-1-8 某住宅过道区域(2)/
　　　　　深思维空间设计

5 居住空间界面设计

> 图 5-1-9 某茶室 / 深思维空间设计

> 图 5-1-10 某住宅更衣室区域 / 深思维空间设计

> 图 5-1-11 某私宅茶室 / 深思维空间设计

5.2 立面设计

立面设计涵盖了墙面、门窗、立柱等垂直结构的视觉和功能布局，以及它们之间的相互关系。这些元素的设计不仅影响空间的美观度和风格统一性，还关系到室内的光线分布、通风效果以及空间的实用性和舒适度。立面中占比最大的墙面，承担着造型、装饰、定义空间、隔音、防潮、防火、遮挡视线、安装设备等多样责任，是室内设计界面中占比最多、内容最丰富的部分，它有开敞、封闭、半开敞等不同形式。**很多初学者设计墙面的时候，使用的手法较单一与保守，认为墙体只能是直的、平的，厚度也是固定的，导致设计时放弃了许多的可能性。**

5.2.1 立面设计要点

居住空间立面内容涉及建筑结构、水电管线、门窗、开关插座、设备、立面造型与灯具等。立面设计就是在功能与美学的基础上，将这些内容进行最适宜的融合。立面是空间的背景，人才是空间的主角，因此**在设计立面时，应将人的生活场景放入空间一并考虑**。以下详细总结了立面设计的要点。

（1）功能要点

光照和通风： 立面设计应允许自然光适量进入建筑内部，同时通过合理的窗户布局和开口设计来优化自然通风，以提高室内空气质量并减少能源消耗。

节能与隔音： 在合适的地方采用合理的隔墙或隔断，能有效地阻断声音干扰，同时可以维持空间内的小气候，减少空调与暖气的消耗。

安全性： 立面设计需要考虑到防火、防风等安全问题，使用符合安全标准的材料和结构。在地震多发地区，立面结构应具备足够的抗震性能。

隐私与视觉通透性： 合理安排窗户和其他开口部位，以确保居住者的隐私，同时也保留视觉上的连通性和开阔感。

技术集成： 现代空间的立面设计越来越多地集成了技术元素，如智能调光玻璃、智能控制面板、通风系统等，这些都需要在设计初期进行考虑。

照明集成： 人工照明不仅仅只出现在吊顶上，设计的时候我们需要建立全景光照明的理念，因此立面上也会出现灯光。通过精心设计的功能性照明、氛围照明以及装饰性照明，可以满足人们日常活动的需求。此外，导向灯光可以确保夜间移动的便利性和安全，而节能灯具的使用则进一步提升了环保效益和经济性。

储物系统： 通过内置储物单元、多功能家具、定制设计和隐藏式储物解决方案，不仅可以最大化利用空间，还能保持室内的整洁与美观。这种设计方法不只关乎储物的实用功能，还涉及如何通过巧妙的设计将储物元素融入整体的室内装饰，从而创造出既美观又功能全面的居住环境。

（2）美学要点

色彩协调： 色彩的喜好是非常主观的，我们需要充分了解居住者的色彩偏好，选择和谐的色彩方案。同一色彩在不同情境下使用也会有不同的情感表达，这就需要设计师扎实掌握色彩搭配技巧。

材料与纹理： 使用具有吸引力的材料和纹理可以增加立面的深度和兴趣点。很多初学者只在色彩上做搭配，不考虑材质的变化，这就会导致空间"塑料感"太强，欠缺层次与质感。石材、木材、金属、玻璃、砖都是居住空间中广泛使用的常见材质，我们要了解其视觉和触觉质感与材料性质，做好冷与暖、软与硬、光滑与粗糙的搭配。同时，材料市场瞬息万变，新型材料的创新应用可以起到为设计效果加分的重要作用。

比例与尺度： 合适的比例和尺度是立面设计中的关键，应确保窗户、门和其他立面结构元素与整体空间架构保持视觉平衡。

光影效果： 考虑如何通过立面的开口和突出部分影响光线的进入和分布，利用自然光和人工照明创造动态的光影效果，增强空间的层次感和动态美，营造空间氛围感。

细节处理： 在立面设计中加入精致的细节，如装饰线条、雕刻或特别的设计元素，这些可以成为空间视觉焦点，提升整体的空间个性。

视觉流线： 通过立面的造型引导观察者的视线，通过引人注目的入口、窗洞或突出的视觉元素创建引导效果。中国传统园林设计中的借景、对景就应用了视觉流线的策略。

文化与个性表达： 立面设计应反映居住者的个性或文化背景，通过独特的设计语言或元素表达个人或地区的特色。

（3）材料要点

耐久性： 选择耐候性强的材料，材料应能够抵抗恶劣天气条件，如强风、雨水、日晒等，减少长期的维护和更换成本。例如，在南方潮湿地区的地下室，应用防潮防霉性能强的材料，在阳台或露台区域使用防水防潮材料。

保温与隔热： 可以通过使用节能材料，如双层玻璃、高效保温材料等，或通过设计减少冷热桥效应，提高建筑的整体能效。根据建筑的方位和季节变化，利用遮阳系统、百叶窗等元素减少夏季过热问题。

环境友好性： 考虑使用可持续生产或可回收的材料，如再生木材、竹材或低碳混凝土，减少对环境的影响。

声学性能： 对于有隔音需求的房间，要使用适当的隔音与吸音材料防止各房间直接的互相干扰。如果居室靠近嘈杂的街道或其他噪声源，还应使用密封性能好的双层玻璃门窗。

维护和清洁方便： 选择易于清洁和维护的材料，如表面处理过的金属或特种塑料，可以减少日常清洁的困扰和维护费用。

安全性： 考虑材料的防火性能、环保等级和结构安全性，尤其是在火灾风险较高的区域，选择防火等级高的材料，确保居住安全。

5.2.2　立面设计手法

居住空间立面设计在过去几十年中从传统的简约线条和功能性导向，到如今的多样化、个性化与美学高度融合，反映了建筑技术、材料科学和美学理念的进步。早期的立面设计主要注重实用性，强调耐用性和功能性。随着技术的进步，建筑师和设计师开始探索更多的材料和设计手法，使得立面设计不再局限于功能需求，更成为展示美学、创意和科技的重要领域。以下总结了一些立面设计的常用手法。

① 补充结构：若梁柱外露，为了不加厚整面墙，可以通过补充部分造型的方法，使之成为立面造型的一部分，达到装饰空间的效果（图 5-2-1）。

② 隐藏结构：通过立面界面填充或变形，达到结构隐形效果（图 5-2-2）。

③ 创造结构：创造立面结构，虚实结合，可以改变空间形态，或增强空间层次感。如图 5-2-3 所示，在没有柱子的空间中，创造了柱子与拱顶造型，改变了空间形态。

④ 丰富层次：利用合适的立面分割层次，使立面造型符合功能与美学要求（图 5-2-4）。如图 5-2-5 所示，洗手区下半部分做了岩板墙裙，既起到了防水作用，又美化了墙面层次。

⑤ 装饰：利用装饰物或装饰线条处理界面（图 5-2-6）。还可以通过装饰物修饰不够美观的部分。如图 5-2-7 所示，墙面上有一个很小的窗户，保留显得小气，封堵觉得可惜。于是设计师将窗户变成装饰画的一部分。这样不仅解决了不够美观的问题，还将窗户变成了一个很特别的展示柜，同时这幅"装饰画"还可以通过推拉，代替窗帘的遮挡功能（图 5-2-8），是一个一举多得的巧妙创意。

> 图 5-2-1　某别墅休闲区 /
　　深思维空间设计

> 图 5-2-2　某公寓卧室 /
　　深思维空间设计

> 图 5-2-3 某别墅泡澡区 /
　深思维空间设计

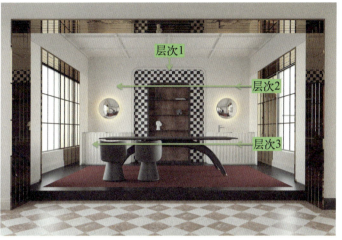

> 图 5-2-4 某别墅茶区 /
　深思维空间设计

> 图 5-2-5 某别墅洗手区 /
　深思维空间设计

> 图 5-2-6 某别墅卧室 /
　深思维空间设计

> 图 5-2-7 某住宅卧室（1）/ 深思维空间设计

> 图 5-2-8 某住宅卧室（2）/ 深思维空间设计

5.3 地面设计

地面是承托整个空间的特殊界面,是与身体和物品接触最频繁一个界面。因此其设计逻辑与墙面和吊顶有着很大的不同。地面并不是简单的一个平面,它还涵盖了落差、楼梯、挑空,甚至储物空间等。

5.3.1 地面设计要点

居住空间地面设计的内容涉及建筑结构、水电管线、设备、找平层、地插、地面造型、灯具等。在设计地面的时候,不光要考虑地面本身,还应考虑它与墙面的联系、与吊顶的呼应、与家具的互相作用。以下详细总结了地面设计的要点。

(1)功能要点

起到基础支撑作用: 地面是整个室内空间的基础,承载着家具、人流等重量,必须具备良好的承重和稳定性。

实现功能区划分: 通过不同材质、色彩和纹理的地面设计,可以实现空间的功能区划分,例如客厅与餐厅、卧室与走廊等,使得空间结构更清晰。

技术集成: 现代空间的地面设计越来越多地集成了技术元素,如智能升降、地暖系统等,这些都需要在设计初期进行考虑。

照明集成: 人工照明不仅仅只出现在吊顶上,设计的时候我们需要建立全景光照明的理念,因此地面上也会出现灯光。地面灯光属于低位照明,是最能让人放松的照明方式,因此常出现在酒吧、卧室等地方。此外,导向灯光还能确保夜间移动的便利性和安全。

储物系统: 地面储物常出现在榻榻米空间,或住宅面积较拮据的空间中。

(2)美学要点

色彩选择: 选择合适的地面色彩可以影响整个空间的氛围和视觉效果。浅色调能够使空间显得明亮和宽敞,而深色调则能够营造出温暖和沉稳的氛围。彩色的地面则能最直接地体现空间个性。

纹理与图案: 地面的纹理和图案可以增加空间的层次感和趣味性,例如木纹地板、花砖、定制花纹卷材等。符合空间主题的纹理和图案能够强调空间个性,创造空间记忆点。

材质感受: 地面材质的质感直接影响着空间的品质感与氛围感。例如,天然木地板温暖、柔软,瓷砖光滑、利落,混凝土原始、冷峻,都会为空间营造出截然不同的感受。

地材比例: 地面设计应与空间的比例和尺度相协调,合适的地材规格、图案大小和铺设方式很容易被忽视。选择较大的地材规格能使空间显得简单大气,而有时设计师也会根据风格需要,有意选择较小的规格,创造出另一种氛围。

(3)材料要点

安全性与耐久性： 所有地面都应具备防滑性能，尤其在厨房、浴室等易打滑的区域。此外，要考虑到日常的打理与维护，选择易清洁、稳定、耐久的材料。一些材料的面层容易吸色，或面层多凹凸，易藏污纳垢，导致清洁的时候需要耗费过多精力；有些稳定系数较低的地材极易热胀冷缩，这就会使材料接缝处出现种种问题导致安全隐患；部分材料硬度不够易形成刮痕甚至损坏，使用寿命较短，会对生活造成困扰。这就要求设计师选材前充分与材料方沟通，充分了解材料的特性，在不同场合选择最合适的材料。

提供舒适度： 在居住空间中，地面材料的选择应更多地考虑到舒适性，尤其在休憩类型的空间中，采用柔软的地毯或有韧性的木地板等，能够增加步行时的舒适感，营造温馨放松的氛围。

声学效果： 地面材料应具备一定的吸音和隔音效果，减少噪声传播。

防霉防潮防虫： 在潮湿地区的地下室或低楼层空间，应选择防霉防潮材料，南方许多地区还要考虑白蚁防治的问题。

生活理念差异： 地毯常常出现在许多欧美国家的卧室中，但我国人民并不喜欢在居室中大面积铺设地毯。这种不同国家对于材料认知的差异源于行为习惯、生活理念、自然环境、气候条件等。我国南北方人民对于材料的认同也有一定的差异，因此在选材前要将项目所在地和使用者的实际条件结合考虑。

5.3.2 地面设计手法

居住空间地面设计经历了漫长而丰富的进程。古代人类在洞穴居住时，会利用土壤、树皮或动物皮毛来覆盖地面，以提高保温性和舒适度。随着人类社会的发展，地面设计逐渐融入建筑艺术中，例如古埃及的石板地面、古希腊罗马时期的马赛克地面，以及中国古代的青砖地面等。随着工业革命的兴起，人们开始使用混凝土、瓷砖、木地板等更多样化的材料，并通过技术创新实现了更复杂的地面设计效果。当代的地面设计更是一个展现创造力的介质，地面不仅是一个承托人们安全生活的界面，还能成为建立空间导向、创造空间亮点、强调空间风格的一个手段。以下总结了一些地面设计的常用手法。

① 与吊顶呼应：在地面圈出与吊顶同样形状与大小的区域，建立区域感（图5-3-1）。

② 与墙面呼应：将同样的材质或色彩从墙面延伸至地面，增强空间区域感（图5-3-2）。

③ 拼花纹样：大部分地材都可以做拼花，根据空间形态，一般有对称拼花（图5-3-3）和非对称拼花（图5-3-4）两种做法。

④ 材质碰撞：不同材质的搭配，要注意分清材质主次，也可以与空间中已有的材质呼应（图5-3-5）。

⑤ 落差：下沉式、抬高、高低错落等做法都会大大增加空间感，但要注意空间场合，要将安全性放在第一位（图5-3-6）。

⑥ 照明与装饰：在较简洁的地面铺装基础上，用灯具（图5-3-7）或地毯（图5-3-8）等软装增强空间导向性、区域性与氛围感。

> 图 5-3-1 某岩板展厅洽谈区 / 深思维空间设计

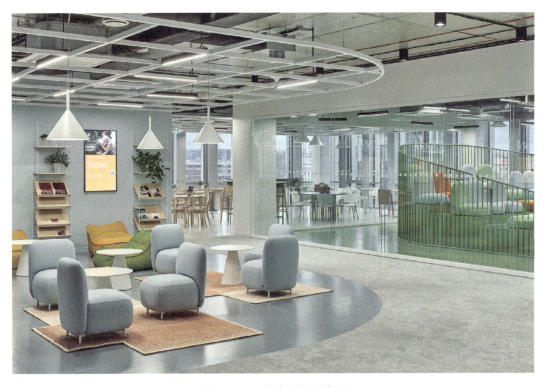

> 图 5-3-2 某办公空间休闲区

> 图 5-3-3　某住宅过道对称拼花　　　> 图 5-3-4　某住宅非对称拼花/深思维设计

> 图 5-3-5　不同地面材质的碰撞与结合

> 图 5-3-6　某住宅卧室抬高区域 / 深思维设计

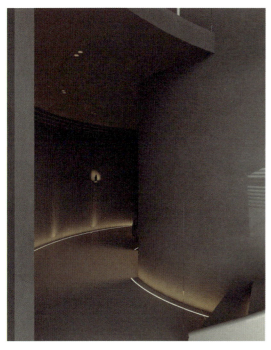

> 图 5-3-7　某空间过道区域 / 深思维设计

> 图 5-3-8　某住宅休闲区域 / 深思维设计

课后训练与思考

1. 选择一位同学、朋友或家人作为你的甲方,结合他(她)的个人背景,做一个客厅设计,并采用透视效果图的方式呈现设计方案。

2. 如何将第4章所学的内容与立面设计手法进行结合?

6 色彩、材质与照明

学习目标

1. 通过对色彩、常用材质和照明的学习,掌握居住空间各界面的搭配理论。
2. 掌握居住空间色彩搭配和材质应用的技巧,掌握灯光设计基本方法。
3. 理解色彩与材质在不同空间场合中的合理应用,树立可持续发展的观念。

6.1 居住空间的色彩与材质

如果一本关于室内设计的书没有丰富的图片和色彩，那它的价值将大打折扣。色彩是室内设计中最直观体现个性和视觉效果的部分，也是展现空间张力、吸引注意力成本最低的方式。建筑作品在阳光下通过光影来表达，而室内设计则通过柔和的灯光与环境中各种元素的相互作用来传达信息。科学研究显示，当房间的光线或颜色变化时，使用者的体验和情感也会随之改变。就如约翰·罗斯金（John Ruskin）所说的："光线与阴影帮助我们理解物体，而颜色则激发我们的想象和情感。"

色彩的偏好带有很强烈的主观意识，并根据场合、光线、个人理解、时代背景等传达不同的信息。例如红色通常让人感到兴奋，而浅蓝色则让人感到宁静。但这种联想并不是绝对的。贡布里希（Ernst Gombrich）在 1952 年指出，红色代表暴力或对立，也因此常用于交通中的"停止"标志或政治上的革命象征。但红色本身并无固定意义。英国哲学家路德维希·维特根斯坦（Ludwig Wittgenstein）晚年致力于探究色彩的哲学意义，他在《色彩评论》（*Remarks on Color*）中证明了色彩象征意义的不固定性。维特根斯坦认为，某些颜色在墙上可能显得肮脏，但在绘画中则不会。同样的旋律在大调或小调中的效果完全不同，因此硬说每种颜色都有固定意义是不客观的，颜色的意义会随场合和时代不同而变化。

6.1.1 色彩基础知识

色彩是光通过物体反射或发射后被人眼感知的视觉现象。它通过不同的波长、明度、纯度和色相的组合，形成了我们所看到的丰富多样的世界。色彩的产生基于光的物理性质。当白光（如阳光）照射在物体上时，物体表面会吸收部分波长的光，反射其他波长的光进入人眼。我们看到的颜色就是这些被反射光的组合。例如，一片红色的花瓣吸收了光谱中的蓝色和绿色波长，而反射了红色波长，因此我们看到它是红色的。所谓的"色彩三要素"就是指所有颜色的三种标准——色相、明度、纯度。

（1）色相

色相指的是颜色的基本属性，也就是我们通常所说的颜色名称，如红、黄、蓝等。色相是由光的波长决定的，在视觉上，不同的波长会被感知为不同的色相。色相环是一个常用的工具，用来展示各种基本色相及其相互关系（图 6-1-1）。

（2）明度

明度指的是颜色的亮暗程度，也称为亮度或明亮度。明度是由颜色的光反射率决定的，反射率越高，明度越高。明度的变化可以通过添加白色或黑色来实现：添加白色可以提高明度，形成浅色；添加黑色可以降低明度，形成深色。明度的变化有助于在设计中营造不同的视觉效果和层次感（图 6-1-2）。

（3）纯度

纯度（也称为饱和度）指的是颜色的鲜艳程度或纯净度。纯度高的颜色看起来非常鲜艳和强烈，而纯度低的颜色则显得灰暗和柔和。纯度的变化可以通过添加灰色来实现，添加灰色会降低颜色的纯度。纯度在设计中起到强调或弱化某些元素的作用，帮助突出设计重点或营造和谐氛围（图6-1-3）。

6.1.2 色彩的设计原则与方法

色彩是设计师用来传达视觉信息的方便工具，它可以调节空间感，如欧文·琼斯（Owen Jones）在《世界装饰经典图鉴》中提到，四面的空间应使用蓝色，因为蓝色给人退缩的感觉；黄色适用于凸面，因为黄色给人前进的感觉；红色适用于底面，因为红色无距离感。色彩还可以结合光线达到最佳效果，斯坦·埃勒·拉斯姆森（Stan Eller Rasmussen）建议，用灯光来强调设计优点，而不是补救不足。冷色系灯光适合冷色系房间，暖色系灯光则适合暖色系房间。但要注意的是，过多的色彩会让人觉得混乱。正如伊迪丝·沃顿（Edith Wharton）和奥格登·科德曼（Ogden Codman）所说："过多的颜色就像在一个房间里有很多人同时说话，即使主题相同，久而久之也会令人疲倦。"色彩设计是一个主观的、创造性的、没有固定模式的行为，但是做色彩搭配的时候依然有一些经验之谈，以下总结了一些常用的原则与方法。

（1）色彩设计原则

分析光照和房间方位：色彩和光线息息相关，光线不足的地方，色彩不容易辨别，光线的冷暖对色彩也会造成影响。色彩对温度与心理也有调节作用，如深色吸热、浅色散热，暖色显得空间温暖、冷色显得空间清冷。在阳光充足的房间中应避免使用过于明亮的色彩，可以使用明度与纯度较低的色彩，还可以大胆尝试选用深色调。在阳光充足且炎热的地方，可以通过色彩使空间显得清爽，优先选择低饱和、冷色调、浅色调的颜色。反之，在阳光不足的地方，可以使用较为明亮和温暖的色调，以增加房间的亮度。深色调的反射率较低，浅色调反

> 图 6-1-1　色相色环

> 图 6-1-2　明度色环

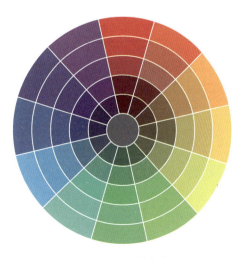

> 图 6-1-3　纯度色环

射率较高,因此在深色系房间内,开灯的时长要多于浅色系房间,因此色彩的选择也与节能环保有一定关联。

制定房间大小和使用频率:小房间里大胆使用深色或鲜艳的色彩,可以增加房间的个性。但如果希望扩大视觉面积,可以选择浅色或纯度低的色彩。较大的房间中,适合使用浅色和中性色,以保持开阔感。但如果想体现个性,可以在部分界面上使用小面积的深色或鲜艳色彩。另外,考虑到视觉疲劳的问题,在使用频率低的空间如卫生间,可以使用更大胆和活泼的色彩,以此作为转换心情和视觉的区域。在使用频率高的房间如卧室、客厅等,优先选择舒缓、宜人的色调,以保持长时间停留的舒适感。

明确房间的功能和使用者:根据房间的功能选择适合的色调,例如厨房更适合明亮的色调,方便烹饪操作。另外,房间色彩应与使用者的性格和偏好应高度匹配,如较为年长的使用者,更适合清淡、温暖的色调,不要做过于大胆的色彩尝试。10岁以下孩子的房间更适合使用明亮鲜艳、搭配大胆的色彩,但要考虑到空间的成长性。其余人群对于色彩的爱好相差甚远,设计前要进行充分沟通。

确保时尚与实用性:不要过度追求当下的流行色,多数鼎盛流行的东西都不会具有很长的生命周期,选择经典且耐看的色彩,可以避免频繁更换。

考虑质感与层次:很多新手常犯的错误是只考虑到色彩变化,没有考虑材质搭配,这样会导致空间缺乏层次。常用的方法是通过家具、织物、装饰品和材质之间的对比,如光滑与粗糙、软和硬、图案与纯色的对比,增加房间的质感和层次感。同时,在选择具体色彩的时候,也要注意色彩本身的质感与层次,如白色系常用的有冰雪白、象牙白、乳白色等,黑色系也有棕黑、炭黑、蓝黑等,简单地选择纯黑或纯白会显得生硬、没有质感。

色彩是一种较为主观的感知,与周围环境的变化密切相关,也与人们的普遍认知、文化背景、时代发展紧密相连,因此所有的原则也只是基于当代背景,并不是固定不可变的。

(2)色彩搭配方法

单色相搭配:单色相搭配的色彩变化只在同一个色相中完成,在不改变色相的情况下进行明度和纯度的改变。这种搭配给人一种和谐、柔和的感觉,适合用于卧室、衣帽间、休闲区等需要放松的空间(图6-1-4)。

近似色搭配:近似色是色轮上相邻的颜色,这些颜色之间的色相差异较小,因此搭配起来很自然。搭配的时候应选择一个主色,然后在色轮上选择相邻的颜色进行搭配。这种搭配可以增加色彩的层次感和丰富性,同时保持整体的协调感。

对比色搭配:对比色是色轮上相对的颜色,它们之间的对比最为强烈。应选择一个主色,

> 图6-1-4 某别墅衣帽间/深思维空间设计

> 图 6-1-5　某单身公寓卧室 / 深思维空间设计

再在色轮上选择与之相对的颜色进行小面积搭配。这种搭配可以产生强烈的视觉冲击力，适合用于强调特定区域或营造活泼、动感的氛围（图 6-1-5）。

三色搭配：三色搭配是指在色轮上等距离的三个颜色组合，这些颜色的位置能形成一个等边三角形。这个配色法和对比色搭配类似，应选择一个颜色作为主色，然后在色轮上选择另外两个等距离的颜色。例如，红色、黄色和蓝色的搭配。这种搭配既有对比又有协调，适合用于突出个性的空间，可以创造出丰富多彩且平衡的效果。但要注意颜色的比例，不宜使每个颜色占据的面积相当。

中性色搭配：中性色包括黑色、白色、灰色和棕色等，它们通常与其他颜色搭配使用。这些色彩是被应用最多的，空间可以只出现这些色彩，也可以选择中性色作为基调，加入一些亮色或深色进行点缀。中性色搭配可以创造出经典、优雅的感觉，适合用于所有空间（图 6-1-6）。

> 图 6-1-6　某住宅餐厅 / 深思维空间设计

6.1.3 材质搭配技巧

色彩决定空间的个性，材质决定空间的质地，色彩作用于视觉，材质作用于触觉。居住空间中常见的材质包括木材（如实木、胶合板）、金属（如不锈钢、铝合金）、石材（如大理石、花岗岩）、玻璃（如透明玻璃、钢化玻璃）、塑料（如PVC、PP）、布艺（如棉、亚麻）、陶瓷和瓷砖、纺织品（如地毯、窗帘、软硬包）、合成材料（如人造板材、复合地板）及其他材料（如皮革、纸质壁纸）。材料市场千变万化，除这些常见材料之外，还有很多新型材料。在众多材质之中，选出几种进行搭配即可，切忌一个空间出现太多种材质。不同界面的材质应用原则在第5章里已有提及，此章节不做赘述，以下总结了一些材料的质感特性，应用这些特性，可以进行质感对比搭配。

（1）粗糙与光滑

不同材料具有不同的质感，如石材、未加工的木材、粗麻布、砂糖玻璃和长毛织物都具有粗糙的质感，而光滑的材质包括抛光金属、釉面陶瓷、丝绸和有机玻璃。这些材料各有特色，例如，粗糙的石墙与长毛织物的触感截然不同，抛光金属和丝绸也有很大区别，都是一个粗糙，一个光滑。

（2）软与硬

许多纤维织物，如纯羊毛，虽然可以加工成光滑或粗糙的质地，但触感都非常柔软。棉和亚麻作为植物纤维，耐用且柔软，常用于装饰材料或家居用品。玻璃纤维织物种类繁多，易于保养、防火且价格低廉，但触感较为生硬。硬质材料如石材、金属和玻璃，耐用耐磨，不易变形，且通常有良好的光洁度和光泽，能使室内充满生气。然而，从触感上讲，人们更喜欢光滑柔软的材料，而非坚硬冰冷的材料。

（3）冷与暖

材料的冷暖质感体现在触觉上，如座椅、扶手和床铺等都要求柔软温暖。金属、玻璃和大理石等室内材料可能会显得冷峻。但因颜色不同，这些材料的冷暖感觉也会有所不同。例如，红色花岗岩和大理石触感冷，但视觉上却温暖；白色羊毛触感暖，但视觉上却显得冷。在选择材料时需综合考虑两方面。木材在表现冷暖、软硬上有独特优势，比织物冷，比金属和玻璃暖，比织物硬，比石材软，可广泛用于承重结构、装饰材料和家具。

（4）光泽与透明度

许多加工过的材料具有很好的光泽，如抛光金属、玻璃、磨光花岗岩、大理石、搪瓷、釉面砖和瓷砖，通过镜面般光滑表面的反射，可以扩大室内空间感。光泽表面易于清洁，适合用于厨房和卫生间。有些材料是哑光的，光泽度很低，可以大面积使用，深受年轻人喜爱。透明和半透明材料，如玻璃、有机玻璃和丝绸，可以增加空间的透光性和神秘感，透明材料使空间感更开敞，而不透明材料则显得封闭。使用玻璃可以使狭小的空间显得宽敞，通过半透明材料隐约可见背后的模糊形象,因此半透明材料可能比透明材料或不透明材料更具魅力。

(5) 弹性

人们走在草地上比走在混凝土路面上更舒适,坐在有弹性的沙发上比坐在硬椅子上更舒服。弹性材料,如泡沫塑料、泡沫橡胶、竹子和软木,因其反作用力而能使人感到省力和舒适。弹性材料主要用于地面、床和座椅,可提供特别的触感。

(6) 肌理

材料的肌理或纹理有很多种,如水平的、垂直的、斜纹的、交错的和曲折的。天然材料的纹理是人工无法复制的,可作为室内装饰。但对于肌理明显的材料,在拼接时需要特别注意其相互关系和在室内的作用。有些材料可以通过人工进行编织加工,如竹子、藤条和织物。有些人工合成材料可以模仿天然材料的肌理,比天然材料更有性价比也更具可持续发展性。艺术涂料也可以创造肌理,模仿泥土、金属、木头等材质,也是一种经济环保的方式。

6.2 居住空间照明设计

在室内设计中,由于有大量的室内照明设计工作需要完成,能够完整地理解照明的基本原理并灵活运用显得尤为重要,也因此细分出了灯光设计专业。室内空间需要通过照明设计来满足照明功能需求和营造空间氛围,同时将其与室内设计中的其他元素相配合,塑造理想的空间。

6.2.1 照明基础知识

光可以分为人造光和自然光。我们之所以能够看到客观世界中绚丽多彩、瞬息万变的景象,是因为眼睛接收了物体直射、反射或散射的光。光是人类眼睛所能观察到的电磁辐射,这部分电磁波的波长范围大约在红光的 0.77μm 到紫光的 0.39μm 之间,而可见光的光谱只是电磁光谱中的一部分。了解基本的照明知识非常必要,在光环境的设计过程中,经常需要用到一些常用的照明参数以保证光环境质量,还要清楚灯具的常规种类以保证灯具应用的合理性。

(1) 常用照明参数

色温:这是用来描述光源颜色外观的一个度量单位,通常以开尔文(K)为单位表示。色温的数值越大,视觉上的色调越偏冷(图 6-2-1)。不同的色温适用于不同的场景。低色温(2000~3000K)通常呈现温暖的橘色或黄色,类似于日落、烛光或传统白炽灯的颜色,能够营造出温暖、复古和放松的氛围,常用于卧室、吧台等区域。中色温(3500~4000K)通常呈现中性白光,既不偏暖也不偏冷,类似于中午的自然光,能够提供清晰、明亮且舒适的光线，是居住空间中最常用的色温，适用于所有环境。高色温（4500~6000K及以上）通常呈现冷白光或蓝白光，类似于晴天时的日光，能够提供明亮、清晰且对比度高的光线，适用于需要高亮度和集中精神的环境，如教室、操作区、实验室、手术室、工作室和展览馆等（图6-2-2）。同一种材质在不同色温下会呈现不同状态，会影响设计师的判断。因此选材时要在不同色温下测试，或在自然光线下选择。

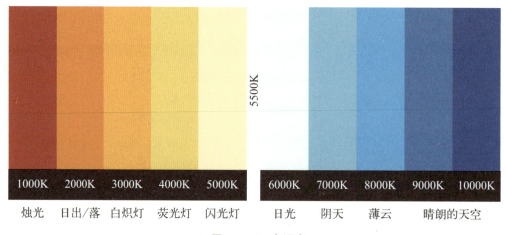

> 图6-2-1 色温表

显色指数： 这是评价光源对物体颜色呈现能力的一个指标，通常以0~100的数值表示。显色指数（后简称显指）越高，光源呈现物体颜色的能力就越接近自然光下的颜色真实度（图6-2-3）。显指是一个重要的照明质量指标，尤其在需要准确呈现颜色的场所，如美术馆、零售店、医疗机构和摄影工作室等。显指90及以上的光源具有非常高的显色能力，能够准确呈现物体的真实颜色，常用于艺术品展示、医疗手术室、专业摄影等需要极高颜色还原度的场所；显指80~89的光源具有高显色能力，适用于办公环境、商业照明和高端家居照明，能够较好地还原物体的真实颜色；显指70~79的光源具有中等显色能力，适用于一般家居照明和工业照明，提供基本的颜色还原；显指69及以下的光源具有低显色能力，通常用于

> 图6-2-2 不同色温的灯光

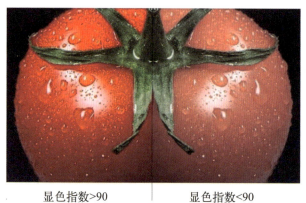

> 图6-2-3 不同显色指数下食物呈现的不同色彩

对颜色还原要求不高的场所,如储物间、户外照明和一些工业环境。但我国现代生活水平提高,城市里大部分的家庭都会选择显指90以上的灯。

瓦数(功率): 瓦数表示光源的能耗。现代LED灯具通常能在低瓦数下提供高光通量,是节能的首选。一个舒适的空间,瓦数一定是适宜的,过高的瓦数会导致炫光,并在投射的界面上产生光团,过低的瓦数会使空间昏暗。选择合适的LED瓦数需要考虑房间的大小和高度。房间的面积决定了所需的总光通量,小房间(<10m²)需要总计800~1000lm的光源,相当于总和8~12W的LED灯泡;中等房间(10~20m²)需要1500~2000lm,相当于总和15~20W的LED灯泡;大房间(>20m²)需要2500~3000lm,相当于总和25~30W的LED灯泡。同时,房间的高度也会影响光的分布和均匀性。低天花板(<2.5m)按照房间面积的建议瓦数选择即可;标准天花板(2.5~3m)需在房间面积的建议瓦数基础上增加10%~20%的瓦数;高天花板(>3m)需增加20%~30%的瓦数,或选择光效更高的灯具,以确保照明效果最佳。

光束角: 这是指灯具发出的光线分布的角度,通常以度(°)表示。光束角决定了光束的宽度和照射区域的大小,是选择灯具时需要考虑的重要参数之一,尤其在选择焦点照明的时候。不同的光束角适用于不同的应用场景和照明需求。窄光束角(<20°)特点是光线集中、强度高,照射范围小,适用于重点照明,如艺术品展示、陈列柜、舞台聚光灯等需要突出特定物体或区域的场所;中等光束角(20°~40°)特点是光线较集中,照射范围适中,适用于任务照明,如厨房操作台、工作区、阅读角等需要相对集中光线的场所;宽光束角(>40°)特点是光线分布较广,照射范围大,适用于环境照明,如客厅、卧室、办公室等需要均匀照明的场所。在考虑光束角的时候要注意,灯光离照射物越远,投射于物体上的光面积越大。

(2)灯具种类

灯具不仅仅是提供光源的工具,更是营造氛围、提升空间品质的重要元素。随着技术的进步和设计理念的创新,各类灯具应运而生,以满足不同场景和需求的照明要求。从基础的功能性照明到具有强烈视觉效果的装饰性灯具,每一种灯具都有其独特的性质和应用场景。以下是一些常见和特殊的灯具种类及其应用。

1)常见灯具种类

吊灯: 通常悬挂在天花板上,款式多样,可以用于装饰和照明,多应用于客厅、餐厅、大厅等需要重点照明和装饰效果的地方。近几年风靡的"无主灯设计",降低了吊灯在居住空间中的使用率。

吸顶灯: 安装在天花板上,结构紧凑,可提供均匀的环境照明,适用于居住空间中大部分空间。早些年的居住空间中,吸顶灯的使用率较高,但近些年逐渐被其他灯具所替代。

壁灯: 安装在墙壁上,可以提供局部照明或装饰效果,多应用于走廊、卧室床头、客厅的背景墙等。由于其既可局部照明,又可提升氛围感和装饰空间,因此在当代的居住空间中使用频率较高。

筒灯： 可嵌入天花板或墙壁内，也可明装。因其可提供稳定的环境照明，常用于客厅、走廊、厨房、浴室等需要较明亮光源的地方。

射灯： 可嵌入天花板或墙壁内，也可明装。其光线集中，角度可调，适合重点照明，常用于展示柜、艺术品照明、背景墙等需要突出特定物体的地方。射灯的应用可以使空间具有较强的层次感，也常被用于客厅、卧室、走廊等空间，但要注意其照射角度，避免造成炫光。因其在空间中的使用率较高，市面上出现了很多防眩光设计的射灯。

落地灯： 独立站立，通常可以移动，提供局部照明和装饰效果。多用于客厅、卧室、书房等需要补充局部光源的区域。

台灯： 放置在桌面上，提供局部照明，也有一定装饰效果。常用于书桌、床头柜、工作台等需要局部照明的地方。

吊扇灯： 结合了吊扇和照明功能，能使空气流通并提供照明。适用于客厅、卧室、茶室等需要同时实现照明和通风的空间。

灯带： 柔性灯带，可以安装在任何需要线性照明的地方，多用于橱柜下、天花板边缘、楼梯扶手、踢脚线，甚至墙面等地方。其光线效果柔和且均匀，可提供装饰和功能性照明，提高空间层次，在居住空间中使用频率很高。

轨道灯： 有普通轨道和磁吸轨道，安装在轨道上的多个小灯可以自由调整灯的数量和位置，灵活性强。除了居住空间，轨道灯还常用于艺术画廊、展览厅、商业展示区等需要灵活照明的地方。

日光灯： 明亮，光线均匀，寿命长。适用于办公室、商场、学校等需要长时间照明的地方，非特殊情况下，在当代居住空间中几乎不会用到。

2）特殊灯具种类

灯膜： 一种用于光源扩散和装饰的材料，广泛应用于各种室内照明和装饰设计中。灯膜具有柔和的光线扩散效果，能够营造舒适的光环境，使用场景非常广泛，特别适用于光线较差的空间。但灯膜的密封性特别重要，密封性差的灯膜，容易累积蚊虫与灰尘，影响观感。

青空灯： 一种模拟自然光的高科技灯具，旨在通过再现晴天的蓝天白云效果来营造舒适自然的照明环境。青空灯与灯膜类似，广泛应用于各种室内场所，特别适用于光线较差的空间，可以营造出真实天窗的效果。

光纤灯： 通过光纤传输光线，能产生闪烁、变化的光效，通常用于装饰。适用于天花板、墙面装饰，星空顶等场景。

霓虹灯： 通过气体放电产生亮丽的颜色，具有很高的视觉冲击力。常用于广告招牌、酒吧、娱乐场所等需要强烈视觉效果的地方。居住空间中，有时为了营造特别的场景也会用到霓虹灯。

投影灯： 利用光投影技术，能将图案或文字投射到特定表面。适用于商场、会议室、户外广告等需要展示特定信息或图案的地方。

应急灯： 在断电时自动亮起，提供紧急照明。常用于公共建筑、医院、商场等需要应急照明的地方。

景观灯： 专为户外环境设计，耐候性强，装饰性强。适用于花园、公园、建筑外墙等户外的照明和装饰，别墅庭院中都需要用到景观灯。

紫外线灯： 能发出紫外线，具有消毒、杀菌功能。常用于医院、实验室、食品加工厂等需要消毒杀菌的地方，居住空间中的衣柜内部有时也会用到。

光柱灯： 产生强烈、集中的光束，常用于舞台灯光设计。适用于演唱会、剧院、舞台表演等需要强烈光效的场景，居住空间中几乎不会用到。

6.2.2 全景光设计方法

（1）灯光层次

室内空间的照明方式可以归纳为：环境照明、焦点照明、任务照明和氛围照明。居住空间中，想要灯光有不同场景变化，那就要在空间中将几种照明方式配合应用，设计出灯光层次。环境照明提供空间内的整体基础照明，确保均匀的亮度和舒适的光环境，通常与其他类型的照明结合使用；焦点照明用于突出空间中的特定元素，如艺术品、装饰物等，常用于营造氛围和吸引注意力；任务照明专为特定工作或活动提供照明，如阅读、写作、烹饪等，通常需要明亮且集中的光源；氛围照明主要用于美化和装饰空间，不以功能性照明为主，而是强调装饰效果和氛围营造。

（2）灯具选择

选择合适的灯具类型和布局方式，确保每个照明层次都能充分发挥作用。嵌入式灯具适用于天花板或墙面，提供均匀的环境照明；吊灯等装饰灯适合用于餐厅、客厅等需要集中光照的区域，作为环境照明的一部分；轨道灯灵活性高，可调整照射方向，适用于任务照明和焦点照明；壁灯和落地灯可以增加环境照明的层次感和氛围感，同时也能起到装饰作用。

（3）灯光场景

通过灯光的组合和控制系统，可以创建不同的灯光场景，以满足各种使用需求和营造不同的氛围。例如，日常生活场景中使用较柔和的环境照明和少量任务照明，营造舒适明亮的生活环境（图6-2-4）；工作场景中增强任务照明，确保工作区域的充足光照，使用较高色温的灯光，同时保持整体空间的均匀亮度（图6-2-5）；聚餐或社交场景中使用焦点照明、氛围照明和调光功能，营造温馨和活跃的氛围（图6-2-6）；休闲放松场景中减少整体照明亮度，使用暖色调的灯光和氛围照明，营造放松的环境（图6-2-7）。这种灵活的灯光场景设置，不仅提升了空间的功能性和美观性，还能根据不同的需求和场合提供最适合的照明效果。

> 图 6-2-4　某住宅走廊设计

> 图 6-2-5　某住宅工作区设计

> 图 6-2-6　某住宅客餐厅设计

> 图 6-2-7　某住宅客厅设计

（4）照明高度

灯具不仅仅会出现在吊顶上，墙面、地面也会出现灯具。人的心情将会随着站、坐、躺时视点的降低而慢慢放松。因此**室内空间中的照明可以分为高位照明、中位照明和低位照明**。高位照明通常安装在天花板或吊顶上，提供整体的环境照明；中位照明位于房间中间高度，主要用于特定区域的任务照明和氛围照明，如壁灯、台灯和墙面灯带等；低位照明则安装在地面或接近地面的低高度位置，用于氛围照明和夜间安全照明，如地脚灯和落地灯。随着光源的位置下降，人的心情也会放松。如图 6-2-7 所示，当照明高度在中低位的时候，空间中呈现出很强烈的放松质感。而如图 6-2-5 所示，当照明高度在高位时，空间氛围更偏向明亮和高效。通过合理搭配这三种照明方式，可以实现空间内光线的层次感和均匀性。

课后训练与思考

1. 选择一位同学、朋友或家人作为你的甲方，结合他（她）的个人背景，做一个客厅设计，通过合理的色彩、材质应用以及人工照明方式设计，反映甲方的性格与爱好。

2. 举例说明，如何通过色彩与材质反映空间的可持续发展理念。

7

居住空间软装陈设

学习目标

1. 通过对家具与陈设品知识的学习,掌握居住空间软装搭配理论。
2. 掌握居住空间软装搭配的技巧与基本方法。
3. 理解软装在不同空间场合中的不同应用,养成合理、科学的设计习惯。

建筑内部空间的核心是人，相比于硬装，软装是与身体距离最近、接触最频繁的物品。想象空间是个盒子，把它倒过来，所有能掉出来的东西都叫软装。软装在居住空间中的重要程度与硬装、灯光一致，它包含家具、布艺、装饰性灯具、装饰品、植物等可移动、可更换的元素，它具有灵活性和可变性，能够根据不同的季节、节日或居住者的需求和喜好进行调整和更换。

7.1　家具

家具源于人类的生活需求，并推动了生活方式的变革。它在建筑和人之间架起了桥梁，使工作、饮食、休闲和睡眠等活动得以实现，并随着家具的不断发展变得更加舒适和便捷。作为空间的重要组成部分，家具在功能分区、流线组织和丰富空间层次方面起着关键作用。由于家具的尺寸与人体的尺度密切相关，因此它在某种程度上成为衡量空间尺度的标准。家具是软装设计中比重最大的部分，家具布局完成以后还要搭配其他陈设品，这样空间才有层次感和完整性。

7.1.1　家具分类

纵观国内外家具发展历史，我国从先秦时期的榻和几，到汉代的床和席地家具，魏晋南北朝的高座家具，隋唐时期的长桌和长椅，宋代的太师椅和书案，明代的圈椅和罗汉床，清代的大漆和雕刻家具……家具不断演变，展示了中国工艺和美学的精髓与社会的发展。西方从古代埃及和希腊的基本椅子、床和储物箱，到中世纪的多功能长椅和箱子，再到文艺复兴时期复杂精美的椅子、桌子和橱柜，巴洛克和洛可可时期的奢华沙发和梳妆台，维多利亚时代舒适装饰的靠背椅和茶几，现代主义时期的功能性家具和人体工程学椅子……家具类别跟随着文化和技术进步不断完善。在经济全球化的今天，家具设计融合了更多元的文化与生活习惯，在满足功能需求的同时，蕴含了更多使用者的情感因素，成为个人生活方式和价值观的体现。同时，家具设计也越来越注重包容性原则，确保不同年龄、能力和背景的人都能舒适地使用和享受家具，体现出人文关怀和社会责任。表 7-1-1 是当代常见家具的分类。

表 7-1-1　常见家具分类

使用状态	功能	类型
坐卧类	支撑人体	椅、凳、沙发、躺椅、床、卧具
凭倚类	工作台面	桌子（餐桌、会议桌、写字台、梳妆台等）、茶几、操作台（工作台、清洗台、吧台、灶台等）
贮存类	储物	衣柜、五斗柜、书柜、文件柜、货架
展示类	展示陈列	案几、陈列柜、陈列架、陈列台

7.1.2 家具布局技巧

家具在居住空间中的合理设定，有助于组织空间的动线和定义空间的使用功能，确保空间的流畅与实用，还能起到强调空间风格或与空间风格进行碰撞的美学引导作用。初学者在做家具布局时，较容易犯以下一些错误：选择过大或过小的家具，破坏空间的整体均衡；家具布置时阻碍动线，堵塞出入口或者视线通道；家具布局过多或过少，导致空间拥挤或过于空旷；不考虑家具的实际功能需求，导致使用上的不便或者功能重叠，如无法正常打开柜门或抽屉，或同一空间内设置两组功能相近的家具等；家具的风格、颜色与整体空间风格不协调，导致视觉上的不和谐和整体感缺失；选择过多的装饰品或复杂的家具布局，影响整体的清爽感和舒适度；挑选家具时不考虑人体工程学和使用习惯，使居住者在使用时不舒适或姿势不正确。要避免此类错误就应该在家具布局时考虑其功能区划分、家具尺寸匹配、家具的数量、重点家具的布置、流线和动线的保持、角落空间的利用、高度和层次等。

首先，必须综合考虑空间的性质和特点，确定适合的家具类型和数量。这包括根据家具的单一性或多样性，明确家具的布置范围，以实现合理的功能分区。同时，需要精心组织空间的交通路线与家具组合方式，确保动静分区清晰，主体家具和从属家具主次分明。进一步而言，应从布置格局、风格等方面考虑，从空间形象出发，使家具布置具备规律性、秩序性、韵律性和表现性，从而获得良好的视觉效果和心理效应。因为一旦家具设计和布置完成，人们将不可避免地适应这一现实存在。无论是在家庭还是公共场所，除了个人独处外，大多数家具使用都涉及人际交往的各种活动。

（1）家具布局形式

按组合方式可分为以下几种布局形式。

周边式：家具沿着四周的墙壁布置，中间留出较大的空间，便于活动和交通，适合需要集中中心陈设的场合，或面积较局促的空间（图7-1-1）。

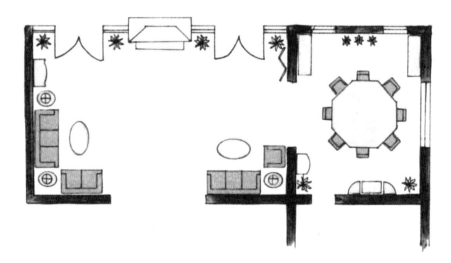

> 图 7-1-1　周边式家具布局

岛式：将家具集中在室内中心部位，强调家具的重要性和独立性，保证中心区域不受干扰，适合注重中心地位的环境和面积较大的空间（图 7-1-2）。

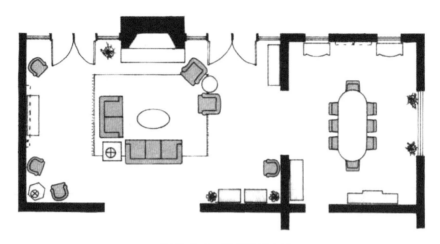

> 图 7-1-2　岛式家具布局

单边式：家具集中在一侧，留出另一侧空间作为走道，明确划分功能区和交通区，减少干扰，适合需要明确功能分区的场合。

走道式：家具布置在室内两侧，中间留出走道，节约交通面积。

按组合格局可分为以下几种布局形式。

对称式：显得稳定和庄重，适合正规场合或业主年龄较长的居住空间。

非对称式：显得活泼和自由，更适合轻松和非正式的环境或年轻业主的居住空间。

集中式：适于功能简单、家具种类有限、房间较小的情况，通过集中布置形成一个单一的家具区域。

分散式：适于功能多样、家具种类繁多、房间面积较大的场合，可以将家具分成多个组或团体，根据功能和空间需求进行布置（图 7-1-3）。

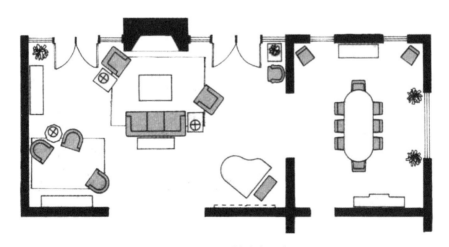

> 图 7-1-3　分散式家具布局

不论采取哪种形式，都应该有明确的主次关系，层次分明，确保家具布置既合理又能有效地支持空间的整体功能和美观。

（2）色彩与风格

在居住空间家具布局中，色彩搭配应选定主色调（中性色优先，如白色、灰色、米色）并搭配辅助色调，运用色彩比例 3∶7 或 2∶8 的方法，使空间既有整体感又不乏亮点（图 7-1-4）。通过颜色的对比，如冷暖色对比、明暗对比，增加色彩层次。根据功能区选择不同色彩，这个过程需考虑光线影响，自然光和人工光会改变色彩的呈现效果，要确保在不同光线条件下色彩依然和谐美观。最终色彩选择根据个人喜好，实现和谐、美观且实用的效果。

> 图 7-1-4　某住宅客厅软装色彩搭配（AI 辅助设计）/深思维空间设计

在选择家具风格的时候，首先选择一个主要风格作为基础，比如现代、古典、北欧、工业等。然后再选用其他风格作为辅助，使整体风格明确且统一。家具主要风格的选择大多是延续与强调空间硬装风格，但越来越多当代居住空间在进行家具主要风格选择时，大胆地与空间硬装风格进行碰撞，擦出不一样的火花。

7.2　陈设品

室内陈设，即摆设，是继家具之后室内设计中的重要元素。陈设品的种类广泛、形式多样，随着时代的进步不断变化。其基本功能是表达特定的思想内涵和精神文化，对室内空间的塑造、氛围的营造及环境的渲染起着锦上添花的作用，其是完整室内空间不可或缺的一部分。

我国室内陈设的历史可以追溯到古代。自秦汉时期起，宫廷和富裕家庭就开始注重室内陈设，常见的陈设品包括青铜器、瓷器、书画、屏风和家具。明清时期，室内陈设达到一个高峰，特别是在皇宫和贵族府邸，陈设品不仅讲究实用性，更追求艺术性。楹联、匾额、瓷器、漆器和玉器等都是常见的室内陈设品，体现出当时人们对艺术和美学的追求。西方室内陈设的历史同样悠久。古希腊和罗马时期，富裕的家庭和公共建筑内常见大理石雕像、壁画和镶嵌画。文艺复兴时期，欧洲的室内陈设进一步发展，艺术品和装饰品成为富人家中展示财富和品位的重要部分。巴洛克和洛可可时期，室内陈设变得更加华丽和繁复，水晶吊灯、金箔装饰和豪华的家具成为主流。18 世纪，随着工业革命的兴起，室内陈设开始大众化。19 世纪末和 20 世纪初，随着现代主义的兴起，室内陈设开始趋向简洁和功能性。

7.2.1 陈设品分类

室内陈设一般分为纯艺术品和实用艺术品。纯艺术品仅具有观赏价值，而无实际使用功能（此处指物质性实用功能），而实用艺术品则兼具实用价值和观赏价值。两者各有特色，不能相互替代。将日用品转化为具有观赏价值的艺术品需要经过艺术加工和处理，这并非易事。日用品的设计通常注重功能性，如何在保留其实用功能的同时提升其美学价值，是设计师面临的挑战。例如，一把普通的椅子经过精心设计和装饰，可以变成一件既舒适实用又赏心悦目的艺术品。这需要设计师具备深厚的艺术修养和创新能力，以确保成品既符合日常使用需求，又能在视觉上给人以愉悦。同样，创作纯艺术品也不简单。纯艺术品追求的是艺术表现力和情感表达，每一幅画作或雕塑都凝聚了艺术家的心血和灵感。然而，不是每一件作品都能达到预期的艺术高度并获得成功。艺术创作过程充满了不确定性，灵感的捕捉、技法的运用、材料的选择等都可能影响最终效果。只有那些真正具备艺术价值和感染力的作品，才能在众多作品中脱颖而出。以下罗列了几类常见的陈设品。

（1）挂画和照片

挂画包括字画、油画、水彩画、素描、版画、立体画等，用于装饰墙面，为空间增添色彩。照片可以是摄影作品也可以是生活照，前者能提升艺术氛围，后者能增加空间的人情味与温馨感。无论是选择挂画还是照片，都应确保其与整体装饰风格和色彩搭配和谐，尺寸上避免过大或过小、与空间不匹配。另外，挂画和照片的布局和位置也很重要，可以选择墙面中心作为焦点，或者创建画廊式的布置效果。同时注意光线和反射，以避免影响视觉效果（图 7-2-1）。

（2）雕塑和雕像

居住空间中的雕塑陈设不仅能增加艺术感和个性，还能提升整体空间的质感和氛围。

> 图 7-2-1 某别墅休闲区域挂画搭配 / 深思维空间设计

无论是人物、动物、抽象还是自然元素的雕塑，都应选择适合的材质，如金属、木质、石材、陶瓷或树脂，并合理摆放在客厅、玄关、餐厅或书房等视觉点位。但要确保雕塑有一个稳固的基座或者支架，以防止意外倾倒或摇晃。特别是在有小孩或宠物的家庭中更需注意安全性。

（3）陶瓷器

各种花瓶、罐子和装饰盘子既可作为摆设也可用作容器。大型的陶瓷器可以放置在较大的表面或独立的展示柜中，小型的可以作为桌面或架子上的点缀。同时应该考虑将不同风格或色彩的陶瓷器相互对比或协调摆放，以增加空间的层次感和视觉吸引力。注意避免将易碎的陶瓷器放置在易碰撞或高风险的地方，如过道或靠近门口的地方。

（4）镜子

镜子不仅具有实用功能，还能通过反射光线和空间，增加室内的明亮感和空间感。但应用时需注意我国人民的使用习惯，避免将镜子放置在正对门和床的位置。

（5）装饰灯具

除基础照明灯具以外，装饰性灯具包括吊灯、台灯、壁灯等，既提供照明，又具装饰性。现代风格的空间可以选择简约、线条清晰的设计，而传统风格的空间则适合复古或华丽的装饰性灯具。装饰性灯具可以作为空间的视觉焦点，吸引注意力并增添独特的装饰性元素。餐桌上通常会设置一盏吊灯，既能拉近灯光与食物之间的距离，又能增加用餐空间的仪式感与氛围感。

（6）织物

织物包括窗帘、抱枕、沙发套、床上用品、地毯、墙挂等。窗帘是空间中非常重要的一个物品，它的面积较大，应优先选择中性色系。窗帘不仅能调节室内光线与温度，隔绝视线干扰，还能为房间增添色彩和柔和的光影效果，可以说从物理与心理上都起到了调节作用。窗帘种类非常多，常见的有吊挂窗帘、罗马帘、卷帘、百叶帘、纱帘、梦幻帘、法式窗帘和遮光窗帘等，要充分了解每种窗帘的优劣特性，才能为居住空间选择最为合适的窗帘组合；抱枕作为一个小面积的织物陈设，可以起到点缀作用，应选择与空间其他陈设品或硬装有呼应的色彩或图案；沙发套和床上用品在空间中占有的面积也较大，色彩与风格应与空间保持和谐；地毯和地垫不仅保暖隔音，还是地面装饰的重要元素，它的区域性较强，应选择与所在区域相和谐的色彩；墙面挂布和装饰性挂毯则通过艺术图案和颜色，丰富空间的视觉层次和艺术氛围，在一些民族元素较强的特定风格中时常用到。

（7）绿植和花卉

绿植花卉在居住空间中不仅能够增添自然元素和生机，还有助于提高空气质量（图7-2-2）。

可以根据它们各自的习性将其放置在客厅、卧室、书房等多个区域。植物本身也带有风格属性，首选易养的、风格合适的植物，并且需要考虑家庭成员的过敏情况和植物对宠物的安全影响。市面上也有许多仿真植物，更加易于维护与打理，是许多年轻人的首选。

（8）钟表

墙钟、台钟等，除了具备报时功能，还能作为装饰品。

（9）屏风

多用于分隔空间，同时有较强的装饰性。屏风的材质多种多样，还有一些屏风设计带有书架、收纳功能，能提供额外的储物空间或者灵活的空间布局选择。要注意避免选择过大或过小的屏风，否则会影响空间的整体比例和使用效果。固定式屏风需确保稳固地

> 图 7-2-2　某别墅休闲区域绿植搭配 /
深思维空间设计

安装，以防止倾倒或移动时的不便，而对于移动式屏风则应考虑其便捷性和稳定性，以满足空间灵活布局的需要。

（10）艺术装置与收藏品

少数居住空间会用到现代艺术装置作品，选择装置艺术要考虑到后期的维护与清理。收集收藏品是许多业主会有的爱好，其中包括各种古董、纪念品和个人收藏，如邮票、硬币、模型、玩具等，其与艺术装置相似，都反映了个人爱好和品位，需要根据收藏品的性质与尺寸，设置合适的展示区域。

7.2.2　陈设品搭配要点

在现代居住空间设计中，陈设搭配不仅是提升空间美感的重要手段，还能调节氛围、增强空间的层次感和个性化，并赋予其独特的情感和故事。如果把空间比作一个人，空间结构就像是骨架，材质像是皮肤，色彩像是妆容，家具像是衣服，而陈设品就是配饰。一个完整的人物造型就应该具备以上所有要素，而一个完整的空间亦是如此。在搭配陈设品时，应注意以下几个要点。

（1）风格匹配

明确整个空间的设计风格，陈设品的风格统一与碰撞是两种不同的设计策略。风格统一

是指在选择和布置陈设品时,遵循一个明确的主题或风格,使整体空间看起来协调一致,营造出和谐的视觉效果。而风格碰撞则通过将不同风格、颜色和材质的陈设品混搭,创造出丰富的视觉层次和个性化的空间,使整个环境更具活力和独特性。两者各有优点,统一风格适合追求平衡和宁静的空间,而风格碰撞则适合希望表达创意和个性的场所。如图 7-2-3 所示,在色彩简洁、线条流畅的年轻风格空间中,加入一幅带有中式韵味的金箔画,就起到了一种风格碰撞的作用,也符合业主(一对年轻夫妻)对于居住空间个性化的追求。

> 图 7-2-3　某住宅客厅软装搭配 / 深思维空间设计

(2)色彩搭配

根据空间想要传达的精神,选择色彩搭配方案。最稳妥的方式是陈设品的颜色与墙面、地板和主要家具的颜色相一致,形成和谐的色彩搭配(图 7-2-4)。年轻大胆的方式是可以选择一些点缀色或对比色来增加空间的活力和层次感,但要注意控制数量,避免过多的颜色冲突。一般情况下,空间中出现的颜色要有呼应,如抱枕、地毯与挂画出现相同的色彩,就可以避免杂乱。如图 7-2-5 所示,客厅中的地毯和挂画都是灰绿色系,沙发与茶几都是黑灰色系,空间就能呈现出活泼又统一的状态。具体配色方式可参考第 6 章内容。以上两者各有优点,和谐的色彩搭配适合自然、沉稳、宁静的空间,而撞色搭配则更适合个性、活泼、有民族或地域特色的空间。

> 图 7-2-4　某别墅休闲区软装搭配 /
深思维空间设计

> 图 7-2-5　某住宅客厅软装搭配 /
深思维空间设计

（3）材质和质感

色彩可以带来视觉体验，而材质的变化可以增加空间的质感。不同材质的陈设品可以带来不同的质感体验。比如，木质、金属、玻璃、布艺、陶瓷等材质的组合，搭配时可以应用软与硬、粗糙与光滑、温暖与冷峻、轻薄与厚重的对比。质感的搭配应考虑到空间的功能和使用需求。如图 7-2-6 所示，窗帘的绒布质感与墙面瓷砖形成了软与硬、粗糙与光滑的对比；桌上的花瓶与陶瓷杯都与木质桌面形成了温暖与冷峻的对比；纸质吊灯与木质桌面形成了轻薄与厚重的对比。

（4）比例和尺度

陈设品的大小和比例应与空间的大小相适应。过大或过小的陈设品都会破坏空间的平衡感。应选择大小适当的陈设品，并根据

> 图 7-2-6　某住宅餐厅软装搭配 /
深思维空间设计

空间布局合理安排位置，使其既不显得拥挤，又不过于空旷。这个部分考验设计师的空间想象力与经验，对于初学者来说，在 3D 建模中将所有陈设品按合适的尺度布局在内，是最不容易出错的方式。

（5）个性化元素介入

在保持整体风格的前提下，可以加入一些具有个人特色的陈设品，比如旅行纪念品、手工艺品、家人的照片等。这些个性化的元素可以使空间更加有温度和故事感，体现出居住者的品位和个性。

课后训练与思考

1. 选择一位同学、朋友或家人作为你的甲方，结合他（她）的个人背景，做一个客厅软装搭配设计，通过合理的家具布局、陈设品搭配，反映甲方的生活习惯与品位。

2. 请结合具体的案例，分析某个成功的软装设计项目是如何在功能性和美观度之间取得平衡的。

8 项目案例与实践指导

学习目标

1. 通过学习居住设计项目实操的典型案例,掌握项目实践的基本知识。
2. 了解实际项目中会遇到的挑战与难点,培养项目实操能力与统筹能力。
3. 培养敬业精神,树立职业生涯规划的基本观念。

8.1 实际案例分析和设计过程解读

8.1.1 案例一：描绘生活的画纸

（1）项目背景

本案是一个五口之家住宅项目，居住着一对年轻夫妻、一个孩子以及一对老人。这对夫妻希望他们的居住环境不仅能适应多种年龄层的需求，同时也要展现出他们个性化的生活态度和审美品位。结合甲方的需求，设计的主要目标是在一个净白空间下，创造一个既实用又具有视觉冲击力的空间（图8-1-1）。

（2）客户需求表

表8-1-1为"描绘生活的画纸"项目功能需求表，描述了甲方的功能需求、美学需求以及行为需求。

> 图 8-1-1 "描绘生活的画纸"项目局部 / 深思维空间设计

表 8-1-1 "描绘生活的画纸"项目功能需求表

功能需求	玄关、厨房、客厅、餐厅、次卫、主卧、主卫、小孩房、老人房
美学需求	喜欢天、地、墙都是一个颜色，净白空间，喜欢弧形，不喜欢直角，要有一点中式元素
行为需求	需要满足不同年龄段的使用需求，厨房设计要实现可以和外面交流

（3）概念思考

经过交谈得知，业主是一位画家。设计师从甲方的喜好和职业出发，以"描绘生活的画纸"为主题，创造一个兼具实用功能性、叙事性和美学冲击性的居住空间。从"画纸"的特性出发，使画纸的灵动感、自由感、层次感和柔和感经过提炼与解构，成为空间主要视觉元素。图8-1-2为项目灵感图。

> 图 8-1-2 "描绘生活的画纸"项目灵感图 / 深思维空间设计

（4）平面应用

从功能角度出发：以客厅和活动区为中心，向四周辐射布置主卧、儿童房以及老人房，保证了各个年龄段在家中的隐私性与开放性。图 8-1-3 为项目平面布局图。

从美学角度出发：提炼画纸的灵动感、自由感、层次感和柔和感并且应用在平面布局上，通过巧妙地计算与排布，使日常活动的必经之路上（从入口玄关开始延伸至各个空间的终点上）都充满着美学的构图与氛围。

> 图 8-1-3 "描绘生活的画纸"项目平面布局图 / 深思维空间设计

（5）立面效果展示（图8-1-4～图8-1-9）

> 图 8-1-4 "描绘生活的画纸"项目餐厅 / 深思维空间设计

> 图 8-1-5 "描绘生活的画纸"项目客厅（1）/ 深思维空间设计

> 图 8-1-7 "描绘生活的画纸"项目客厅（2）/ 深思维空间设计

> 图 8-1-6 "描绘生活的画纸"项目概念细节 / 深思维空间设计

> 图 8-1-8 "描绘生活的画纸"项目主卫 / 深思维空间设计

> 图 8-1-9 "描绘生活的画纸"项目主卧 / 深思维空间设计

（6）设计难点

空间限制与不同年龄层需求差异： 在这个项目中，设计师面临的一个挑战是如何在有限的空间中满足不同年龄层的需求。五口之家包含了年轻夫妻、孩子以及老人，他们对于居住空间的需求各有不同。年轻夫妻注重美学性与视觉性，所以在客厅和主卧部分的考虑侧重点更加偏向年轻者的需求；孩子可能更注重安全性与玩乐性，在设计中，设计师更注重孩子的美学教育，在儿童房用了舒适且符合孩子视觉偏好的色彩来设计空间；而老年人则可能更注重舒适性和便利性，在老人房和厨房部分，更多考虑到老年人的行为需求和人体工学的尺度便利性。因此，设计师需要在有限的空间内巧妙地平衡这些不同的需求，确保每一个需求得到满足，每个家庭成员都能在这个空间中找到自己的舒适区。

技术材料的选择与维护： 另一个挑战是在设计中合理选择和运用新型技术和材料，例如项目中的视觉重点部分"翻动的叶片"，就是通过 3D 打印技术实现的。如何将这些新技术和材料有效地融入实际的居住环境中，并保持其易于维护和持久的特性，是设计师面临的一个重要问题。虽然 3D 打印等新技术为我们提供了更多的设计可能性和个性化空间，但在实际应用中，必须考虑这些材料的耐用性、安全性，以及日常维护的方便性。在选择和应用这些新技术和材料时，我们需要进行充分的研究和测试，以确保它们能够满足居住空间的实际需求，并与传统材料和技术相协调，构建出一个可靠且可持续的设计方案。

8.1.2 案例二：城市中的度假庄园

（1）项目背景

本案是一对年轻夫妻的住宅项目。这对夫妻希望他们的居住空间能够充满度假感、社交感和享受感，他们希望能够在繁忙的城市中拥有一片安静、舒适和富有松弛感的生活空间（图 8-1-10）。

（2）客户需求表

表 8-1-2 为"城市中的度假庄园"项目功能需求表，描述了甲方的功能需求、美学需求以及行为需求。

> 图 8-1-10 "城市中的度假庄园"项目客厅 / 深思维空间设计

表 8-1-2 "城市中的度假庄园"项目功能需求表

功能需求	玄关、开放式厨房、客厅、餐厅、聊天洽谈区、调酒区、主卧、主卫、次卧、次卫
美学需求	喜欢自然的元素、度假感的空间、真实的木头肌理和石材肌理
行为需求	想要有一个大的长桌供多人聚会聊天，需要有个专门聊天的区域和壁炉

（3）概念思考

项目以"城市中的度假庄园"为主题，如何将"假日""聚会""通透""森林小屋""松弛感"等关键词融入这 119m² 的单元房里，是设计师首先要面临的问题。设计师从"城堡与庄园"中得到灵感，将原有的"非"字型布局清空重塑，规划出了一个"去过道化"的多种生活场景。图 8-1-11 为"城市中的度假庄园"项目灵感图。

> 图 8-1-11 "城市中的度假庄园"项目灵感图 / 深思维空间设计

（4）平面应用

在以"庄园"为题构建的生活场景中，我们将空间切割出不同的场景部分，每个场景各自独立呈现，以一种散点的方式来呈现生活情节的发展。在非线性叙事空间中，居住者能够更自由地构建故事，使得居住者在心理上更为积极地与空间发生反应（图 8-1-12）。

> 图 8-1-12 "城市中的度假庄园"平面布局图 / 深思维空间设计

（5）立面效果呈现

鹅黄的基调与木质的交融，透露出的是度假式松弛感的风格语言，空间中的木质吊顶、壁炉、软装、陈设等，都经过设计师的巧妙计算和排列，随性又严谨地被放置在空间视觉落点处。壁炉作为端景面向回到家的居住者，展现最温暖惬意的一面。明朗畅快的木质线条在顶部不断蔓延，衬托着居住者多样化的日常面貌（图 8-1-13～图 8-1-24）。

（6）设计难点

平面布局创新： 在设计过程中，结合概念和甲方需求，第一个设计策略就是"去过道化"设计，这意味着在布局上减少或消除走廊和传统的过道空间，从而实现空间的最大化利用和流动性。这需要设计师重新布置空间的分隔和连接方式，保证令人舒适的采光、动线和功能，通过巧妙的布局设计将空间"云过道化"，以提高空间的使用效率和居住舒适度。

异地沟通协作： 在异地室内设计项目中，有效的沟通和工地检查是关键。设计师可以利用定期的视频会议和即时通信工具来保持团队间的密切沟通，同时通过详细的项目文档记录确保信息的透明和可追溯。为了有效监督工地情况，设计师可采用虚拟现场巡查技术，比如360°摄像或虚拟现实，或者与本地合作伙伴合作进行定期现场检查，可以有效克服异地协作中的挑战，确保项目顺利进行。

8 项目案例与实践指导 119

> 图 8-1-13 "城市中的度假庄园"实景照片（1）/ 深思维空间设计

> 图 8-1-14 "城市中的度假庄园"实景照片（2）/ 深思维空间设计

> 图 8-1-15 "城市中的度假庄园"实景照片（3）/ 深思维空间设计

> 图 8-1-16 "城市中的度假庄园"实景照片（4）/深思维空间设计

> 图 8-1-17 "城市中的度假庄园"
实景照片（5）/深思维空间设计

> 图 8-1-18 "城市中的度假庄园"
实景照片（6）/深思维空间设计

> 图 8-1-19 "城市中的度假庄园"实景照片（7）/深思维空间设计

> 图 8-1-20 "城市中的度假庄园"实景照片（8）/深思维空间设计

> 图 8-1-21 "城市中的度假庄园"实景照片（9）/深思维空间设计

> 图 8-1-22 "城市中的度假庄园"实景照片（10）/深思维空间设计

> 图 8-1-23 "城市中的度假庄园"实景照片（11）/深思维空间设计

> 图 8-1-24 "城市中的度假庄园"实景照片（12）/ 深思维空间设计

8.1.3 案例三：望山亭

（1）项目背景

本案为四口之家的别墅设计，位于一座山脚下的别墅区内，甲方想把中式元素和法式元素相结合，创造出一栋东方园林感与法式感相融的空间（图8-1-25）。

（2）客户需求表

表8-1-3为"望山亭"项目功能需求表，描述了甲方的功能需求、美学需求以及行为需求。

> 图 8-1-25 "望山亭"方案效果图 / 深思维空间设计

表 8-1-3 "望山亭"项目功能需求表

功能需求	负一层：车库、玄关、琴房、茶室、娱乐室、泡池、储物 一层：玄关、开放式厨房、客厅、餐厅 二层：男孩房、女孩房、客房均为套间 三层：主卧套间、休闲娱乐室、客房
美学需求	东方元素和法式元素的融合
行为需求	享受型住宅，供家人度假小住用

（3）概念思考

项目为面积约 550m² 的四层度假别墅，设计师希望在这个空间中着重凸显"游玩"与"诗意"二词。将"观山府""法式建筑""东方园林""度假""游玩""诗意"等一系列关键词进行梳理提炼，创造出能与场地及业主情感之间产生更多共鸣的"望山亭"。以园林中的"曲径通幽、移步异景"的设计逻辑为参考蓝本，通过"望"的行为，来达到一种"视线先达，行为后至"的期待感与体验感。图 8-1-26 为"望山亭"方案灵感图。

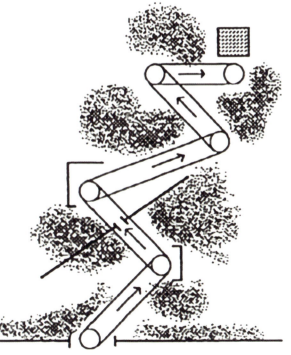

> 图 8-1-26 "望山亭"方案灵感图 / 深思维空间设计

（4）平面应用

在地下一层的平面布局设计中，设计师植入了三个"视觉重点"，将"趣味性"以及"园林探索感"植入承担接待和娱乐功能的地下室空间，如图8-1-27所示，让在此体验的家庭成员以及客人拥有丰富的体验感，同时也能凸显出业主的性格与生活态度。

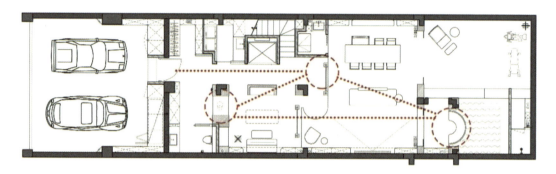

> 图8-1-27 "望山亭"负一层平面布局图 / 深思维空间设计

一层的平面布局也遵循"园林路线"的设计概念。如图8-1-28所示，为层出不穷的视觉场景预设出一条清晰的探索线路。玄关空间作为入户的第一视角，设计师采用了圆厅的结构形式，将鞋子、杂物等置于柜子中。戏剧性的红色贯穿在空间中，层层递进，从前、后、左、右对视觉进行反复冲击。

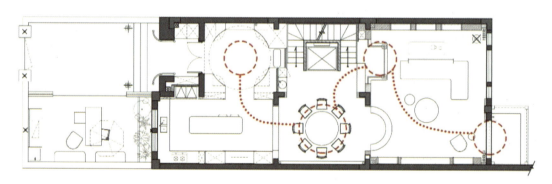

> 图8-1-28 "望山亭"一层平面布局图 / 深思维空间设计

（5）立面效果呈现（图8-1-29～图8-1-42）

（6）设计难点

美学场景与实用性功能的平衡： 本案的难点在于融合东方园林的场景与法式装饰性元素，并巧妙地将园林逻辑与实用性功能相结合。这需要设计师们反复地推敲、测试和推倒重来，才能创造出完美融合场景美学和实用性功能的住宅空间。

> 图 8-1-29 "望山亭"方案效果图(1)/
> 深思维空间设计

> 图 8-1-30 "望山亭"方案效果图(2)/
> 深思维空间设计

> 图 8-1-31 "望山亭"方案效果图(3)/
> 深思维空间设计

> 图 8-1-32 "望山亭"方案效果图(4)/
> 深思维空间设计

> 图 8-1-33 "望山亭"方案效果图（5）/ 深思维空间设计

> 图 8-1-34 "望山亭"方案效果图（6）/ 深思维空间设计

> 图 8-1-35 "望山亭"方案效果图（7）/ 深思维空间设计

> 图 8-1-36 "望山亭"方案效果图(8)/深思维空间设计

> 图 8-1-37 "望山亭"方案效果图(9)/
深思维空间设计

> 图 8-1-38 "望山亭"方案效果图(10)/
深思维空间设计

> 图 8-1-39 "望山亭"方案效果图（11）/ 深思维空间设计

> 图 8-1-40 "望山亭"方案效果图（12）/ 深思维空间设计

> 图 8-1-41 "望山亭"方案效果图（13）/ 深思维空间设计

> 图 8-1-42 "望山亭"方案效果图（14）/ 深思维空间设计

8.2 设计师经验分享和建议

本节整合了室内设计行业中经验丰富的设计师们的宝贵经验和实用建议,这些经验涵盖了从项目管理到客户沟通,再到职业发展、创作心得以及行业的未来趋势等多个方面,为即将入行的新手设计师提供清晰的指导,包括如何应对常见的挑战。通过本节初学者能够了解到行业前辈的深刻见解以及独特的视角,从而树立正确的职业观,具备辩证思考能力,为其未来的职业发展奠定良好的基础。

8.2.1 项目管理与沟通

(1) 项目管理

在室内设计实际项目进行过程中,无论是单个项目管理,还是多个项目管理,设计师都将面临一系列的挑战和问题。这些挑战在新手设计师、设计师以及项目总监之间可能会有所不同,但核心问题往往相似。作为室内设计专业的学生,应学习如何在实际工作中有效应对这些挑战,从而为未来的职业生涯做好准备。

理解项目管理的基础: 项目管理不仅仅是对时间线和团队协作的把控,它还包括资源分配、预算控制、客户沟通以及风险管理等多个方面。由于室内设计是团队性工作模式,因此理解这些基本概念是成功完成室内设计项目的关键。

时间管理: 在实际案例设计的过程中,可能会遇到多个项目同时进行的情况,确定项目的时间线并严格遵守交付时间是所有设计师需要坚持的原则,但许多项目难免会因为不可控因素而延误时间。遇到时间问题,应结合自身能力与情况,提前与项目总监或甲方沟通,拟定合理的时间范围,提前预留好充足的项目缓冲时间。同时积极与团队成员和客户沟通,及时分享进展和所遇到的问题,寻求支持和解决方案并提出自己的见解。此外还应学会利用日历、待办事项或项目管理软件帮助安排任务和截止日期,避免多个任务同时堆至相近的截止日期,从而导致设计效果大打折扣。

预算管理: 项目预算直接影响到材料的选择、施工的质量以及最终的设计成果。有效的预算管理不仅需要准确估算项目成本,还需要在设计过程中不断调整和优化,以适应项目进度和客户需求的变化。建议新手设计师从项目开始就与客户建立开放的财务沟通渠道,明确预算范围和可能的额外开支。同时,利用简单的电子表格来追踪预算使用情况,让甲方感受到专业性,以便建立良好的信任关系。

风险管理: 任何室内设计项目都可能面临各种预料之外的风险,包括时间延误或设计概念与客户期望不符等。设计师需要通过经验来提高预见性,能够在项目初期就预测和评估潜在风险,并制定相应的应对策略。例如,与客户建立定期的沟通机制,确保设计方向与客户需求保持一致。同时,保持灵活性和创造性,在遇到问题时快速调整方案,是解决突发事件的关键。

（2）沟通合作

在室内设计领域，我们不仅仅是在创造空间，实际上，也是在通过沟通塑造这些空间。良好的沟通关系，无论是设计师与团队成员、客户之间的，还是与供应商之间的，都是确保设计项目顺利进行的基石。通过有效的交流，设计师能够深刻理解每一方的需求和期望，从而避免在设计过程中产生不必要的误解或修改。更为重要的是，即便遇到观点不合的情况，倾听和尊重他人的想法，也有助于双方建立起相互信任的合作关系，这是长期合作的根本。

在项目的各个阶段，由于沟通不足或者理解上的偏差，经常会出现所谓的信息差，这种信息不一致如果得不到妥善处理，不仅会导致项目进度的延迟，还可能增加成本，乃至影响到最终的设计质量。作为设计师，我们的任务不仅仅是传递信息，更重要的是充当各方之间沟通的桥梁。通过清楚明了的表达、主动的倾听和及时的反馈，可以确保每个参与者——不管是团队内部的成员、客户还是供应商，都能够达成共识，为室内设计项目的成功打下坚实的基础。

与团队成员的沟通： 在设计项目中和团队成员保持良好的沟通至关重要，这确保了团队信息的透明性和一致性，是项目成功的关键。设计师、项目经理、施工团队及其他相关人员必须经常交流设计意图、技术要求和项目进度。定期举行的项目会议、实时的进度报告和有效的反馈机制，便于团队成员及时发现并解决问题，从而避免因误解或错误假设导致的重复劳动和资源浪费。同时，优化内部沟通还能促进创意的流通和团队合作，这不仅提升了团队的工作效率，也增强了项目的创新能力。

与客户的沟通： 在设计项目中，客户通常对最终的空间有特定的预期和需求。通过有效沟通，设计师可以准确地理解这些需求，并将其转化为实际的设计方案。与客户进行定期的沟通不仅有助于确认设计方向的正确性，还可以及时调整设计方案以应对客户需求的变化，从而减少项目后期可能出现的大幅度修改。这种类型的沟通能确保客户在整个项目过程中体会到参与感，从而增强客户信任度和满意度，为未来的合作打下良好的基础。

与供应商的沟通： 有效的沟通可以确保供应商准确理解项目需求，包括材料的规格、数量和交付时间。与供应商建立起良好的沟通渠道有助于预防和解决供应链中可能出现的问题，如材料短缺、延期或质量问题，这些问题如果未能得到妥善处理，可能会导致项目进度延误和成本增加。此外，定期和透明的沟通还有助于建立和维护与供应商的长期合作关系。

8.2.2 职业生涯与创作心得

在室内设计漫长的职业之旅中，每一位设计师都会面临自己的挑战与机遇，这些经历塑造了他们独特的职业道路和创作风格。对于即将入行的设计师而言，如何在不断变化的行业中找到自己的立足点，是一个值得深思的问题。下面将深入探讨那些经验丰富的设计师们是如何进行职业生涯规划的，以及他们在设计旅程中积累了哪些宝贵经验和心得。

职业规划： 职业生涯的规划不仅仅关乎要找到一份工作，更关乎如何在这个行业中不断成长和发展。成功的设计师经常提到，持续学习和适应行业变化是他们能够保持竞争力的关键。其中包括了解最新的设计趋势，掌握新技术，参与行业会议和研讨会等。此外，建立一个广泛的行业网络也是非常重要的，它不仅能提供宝贵的资源和信息，还能带来潜在的合作机会。

成长与学习： 在室内设计领域，学习永远不会停止。技术的进步、材料的创新以及客户需求的变化都要求设计师不断地更新知识库和技能。资深设计师强调，持续学习不仅包括掌握最新的设计软件和工具，更重要的是学会从每个项目中汲取经验，无论是成功还是失败的项目。每一次的尝试都是成长的机会，都让我们一步步成为更好的设计师。

创作心得： 在创作过程中，每位设计师都会形成自己独特的风格和方法。经验丰富的设计师告诉我们，灵感可以来自任何地方——旅行中的一幅画、一部电影，甚至是日常生活中的一次对话。重要的是要保持好奇心，不断探索和尝试。同时，也要勇于面对挑战，不畏失败。每一个项目都是一次学习的机会，无论结果如何，都值得珍惜。此外，与客户的有效沟通也是创作过程中不可或缺的一环，理解客户的需求和期望，并能够将其转化为创意和设计，是设计师的职责所在。

8.2.3 行业趋势与未来方向

（1）可持续性和环保设计

在未来十年内，室内设计行业的可持续性趋势将得到显著加强，这一变化受到政策法规、市场需求和消费者心理变化的共同驱动。各国政府正通过实施严格的环保法规和建筑标准，如能效要求和绿色认证，来推动这一趋势。这些政策不仅鼓励使用可持续材料和技术来减少建筑及其运营对环境的影响，还响应了当下人们对健康和安全居住环境的关注。市场对环保建筑的需求日益增长，因此设计师需要采用创新的设计方法，整合可再生资源和节能技术，以符合新的市场标准和改变后的客户期望。政府和行业的这些响应不仅是对环境责任的承担，也是对公众健康关切的直接回应。

（2）数字化虚拟科技

数字化虚拟科技是另一个重要趋势，将深刻影响室内设计行业。随着数字化技术的进步，增强现实（AR）、虚拟现实（VR）以及人工智能（AI）等技术越来越多地被应用于设计流程中。这些技术不仅能提高设计效率，还能帮助设计师和客户更准确地预览和调整设计方案。政府的数字化推广政策和资金支持，以及市场对高科技住宅和商业空间的不断追求，都促使设计师掌握并运用这些先进技术。消费者对科技接受度的提高，也为设计师提供了更多通过技术提升空间功能和美感的机会。

（3）健康和福祉

在当今的全球化背景下，健康和福祉已成为居住空间设计中的核心要素。设计师和建筑师现在更加重视创造健康的居住环境，以响应政府不断更新的健康安全标准和建筑规范。这些规范特别强调室内空间必须具备良好的空气流通性、充足的自然光照和优化的声学环境，以促进居住者的身心健康。市场对健康居住环境的需求显著增长，无论是企业还是个人消费者，都在寻求能够促进身心健康的设计解决方案。例如，设计师可能会采用先进的通风系统来确保空气质量，或者设计能最大限度引入自然光的窗户布局，同时采用材料和技术来减少噪声干扰。这种设计不仅满足了功能性需求，也提供了心理舒适感，使人们在居住或工作环境中感到更加放松和健康。

（4）灵活的多功能空间设计

灵活和多功能的空间设计应对了现代生活方式的变化，特别是远程工作和家庭教育的普及。政府对住房政策的调整和对小型住宅的支持促进了设计师对灵活空间解决方案的探索。当前市场对能够适应多种生活功能的室内空间的需求不断增加，消费者希望自己的居住环境能够适应不断变化的个人和家庭需求。设计师需要通过创造可变空间、嵌入式家具和智能家居技术，提供能够随时调整用途的室内环境。

（5）跨界融合的持续推动

跨界融合正在显著地推动未来居住空间设计的发展，这一趋势涵盖了科学、技术、文化、艺术与设计的综合应用。例如，电影学、舞蹈、叙事学和服装设计等艺术学科与室内设计的融合，为居住空间设计带来了丰富的情感、文化和功能表达。电影学中的场景布局、光线和视觉叙事技巧可以帮助设计师创造出电影般的居住环境，通过模拟特定电影的照明和色彩方案，可重现相似的情绪和氛围。舞蹈提供的空间与人体动作的关系能启发设计师优化家居布局，支持自然流畅的身体活动。叙事学的应用则使得空间不仅具备功能性，还能通过连贯的设计主题和象征性元素讲述空间的故事，增强居住者的情感共鸣。此外，将服装设计中的材质、纹理和图案引入室内设计，可为空间增添时尚元素和触感层次，如窗帘、沙发套和地毯的精心搭配，可创造出既统一又具有个性的室内风格。这些跨学科的融合不仅使室内设计作品更具艺术性和个性，还极大地丰富了居住者的生活体验，使每个空间成为一个有故事、有深度的艺术环境。

课后训练与思考

1. 结合本章所学内容，做一个与未来趋势相关的室内设计。
2. 想一想你在做方案的时候会遇到哪些问题，并说说你是如何解决的。

课程项目实践

实践要求

针对一个面积为 120m² 左右的单元房进行设计创作。自行寻找甲方,依据甲方所提供的各项需求来开展设计工作,并应用本书所教授的思维方式展开联想,制定空间主题。

实践目的

破除思维局限性,充分施展未来设计师的创造力。本项目不存在固定的模式与风格模板,鼓励别具一格的设计作品。

作品展示

作品1

学生:孙艺卓

指导老师:康思斯

作品细节展示

作品2

学生：吴祺玮

指导老师：康思斯

作品细节展示

作品3

学生：张旭阳
指导老师：康思斯

作品细节展示

作品4

学生：谢恒熠
指导老师：康思斯

作品细节展示

课程项目实践 137

作品5

学生：卢奕辰
指导老师：康思斯

作品细节展示

作品6

学生：高欣

指导老师：康思斯

作品细节展示

作品 7

学生：徐昕晔

指导老师：康思斯

作品细节展示

作品8

学生：赵其乐

指导老师：康思斯

作品细节展示

作品9

学生：车宜宣
指导老师：康思斯

作品细节展示

作品10

学生：顾欣雨

指导老师：康思斯

作品细节展示

作品 11

学生：咸艺馨
指导老师：康思斯

作品细节展示

参考文献

[1] 理想·宅. 室内设计实战手册：材料选用[M]. 北京：化学工业出版社，2018.

[2] 陈易. 室内设计原理[M]. 北京：中国建筑工业出版社，2020.

[3] 黄鑫，白颖，戴沂君. 居住空间设计[M]. 2版. 武汉：华中科技大学出版社，2023.

[4] 刘昱初. 人体工程学与室内设计[M]. 3版. 北京：中国电力出版社，2023.

[5] 朱雷. 空间操作——现代建筑空间设计及教学研究的基础与反思[M]. 2版. 南京：东南大学出版社，2015.

[6] 祝彬. 设计必修课：住宅空间布局与动线优化[M]. 北京：化学工业出版社，2020.

[7] 叶铮. 室内设计纲要：概念思考与过程表述[M]. 北京：中国建筑工业出版社，2010.

[8] 李蓓. 居住空间设计[M]. 重庆：西南大学出版社，2024.

[9] 阿伯克隆比. 室内设计哲学[M]. 西楠，译. 重庆：重庆大学出版社，2021.

[10] 周麒. 居住空间设计[M]. 2版. 武汉：华中科技大学出版社，2023.

[11] 希金斯. 室内设计空间思维[M]. 周飞，译. 北京：化学工业出版社，2021.

[12] 华亦雄. 室内设计基础[M]. 北京：化学工业出版社，2021.